零基础学
Cinema 4D R20 三维视觉设计

张优优 ◎ 编著

人民邮电出版社

北京

图书在版编目（CIP）数据

零基础学Cinema 4D R20三维视觉设计 / 张优优编著
. -- 北京 : 人民邮电出版社，2021.3（2023.8重印）
ISBN 978-7-115-54836-8

Ⅰ. ①零… Ⅱ. ①张… Ⅲ. ①三维动画软件 Ⅳ.
①TP391.414

中国版本图书馆CIP数据核字(2020)第195177号

内 容 提 要

　　这是一本由浅入深讲解 Cinema 4D R20 三维视觉设计的工具书。全书以案例的形式，系统讲述了 Cinema 4D R20 在电商设计、广告设计、字体设计和 UI 设计等领域的应用。

　　本书主要介绍了 Cinema 4D R20 中基础建模、体积建模、泰森破碎、毛发系统和粒子系统等工具的使用方法，以及基础材质、节点材质、灯光环境的制作和渲染输出等技术。每个案例后面提供更多的创意方向，帮助读者更好地掌握技能，拓展思路。本书通过 9 个典型原创案例，从思路分析到草图绘制、建模、场景搭建、灯光材质表现、环境渲染和后期合成，全面展示了三维作品的制作过程，并指导读者如何把三维作品应用到平面设计中。

　　本书提供所有案例的在线教学视频、素材文件和源文件，帮助读者高效学习。

　　本书适合三维视觉设计相关从业者及想学习 Cinema 4D 设计与制作的设计师阅读，也可作为数字艺术教育培训机构及相关院校的专业教材。

- ◆ 编　著　张优优
　　责任编辑　张丹阳
　　责任印制　马振武
- ◆ 人民邮电出版社出版发行　　北京市丰台区成寿寺路 11 号
　　邮编　100164　　电子邮件　315@ptpress.com.cn
　　网址　https://www.ptpress.com.cn
　　北京九州迅驰传媒文化有限公司印刷
- ◆ 开本：700×1000　1/16
　　印张：14　　　　　　　　　2021 年 3 月第 1 版
　　字数：353 千字　　　　　　2023 年 8 月北京第 9 次印刷

定价：69.80 元

读者服务热线：(010)81055410　印装质量热线：(010)81055316
反盗版热线：(010)81055315
广告经营许可证：京东市监广登字 20170147 号

　　三维视觉作品占据着现今互联网设计领域的主流地位，越来越多的线下平面作品使用三维软件制作，而几乎每一个接触到 Cinema 4D 三维视觉作品的设计师，都会被它们惊艳的效果所震撼。

　　Cinema 4D 入门分为两个层面，一是会操作，二是会使用。虽然 Cinema 4D R20 的操作方式相比传统三维设计软件而言简单许多，但是只会软件操作是远远不够的。如果除了临摹之外，无法做出自己的作品，那么也不能称为会使用。

　　在与许多设计师交流的过程中，我听到了很多如设置参数、软件版本和高级渲染器之类的问题，他们的关注点往往只停留在软件的操作层面上。让设计师学会利用 Cinema 4D R20 的基本功能制作属于自己的作品，以及学会关注作品的想法和创意，这就是我写这本书的初衷。设计的核心理应是创意，这一点并不会随着软件的不同而改变。三维视觉设计作品非常依赖创意，有好的创意甚至不需要高深的渲染器，用基础的软件功能就可以实现很多想法。

　　创意不是凭空出现的。本书从最初的想法开始，根据想法提取关键词，根据关键词寻找参考素材，根据素材绘制草图并设计配色，然后根据草图建模、添加材质与灯光、营造环境和渲染输出，以及后期调色、添加文字和 Logo 等，逐步揭示三维视觉设计从创意到实现的全过程。努力让软件学习不枯燥，让读者感受设计的魅力与设计过程的快乐，让读者不仅会软件操作，还会从无到有地创作，让 Cinema 4D R20 成为读者实现创意的工具。

　　学习探索的道路上有人指点能少走弯路，但再多的技巧也不及自己动手练习重要。真心希望本书的读者能够以此书为起点，让自己缤纷的创意变为令人惊艳的三维视觉设计作品。

　　最后感谢在我成长道路上给予指点的白无常工作室和 87time 工作室，以及让这本书顺利诞生的人民邮电出版社数字艺术分社的编辑们。

张优优

资源与支持
RESOURCES AND SUPPORT

本书由"数艺设"出品，"数艺设"社区平台（www.shuyishe.com）为您提供后续服务。

配套资源

所有案例的素材文件 + 案例源文件。

书中案例的在线教学视频。

资源获取请扫码

在线视频

提示：微信扫描二维码，点击页面下方的**"兑"**→**"在线视频 + 资源下载"**，输入 51 页左下角的 5 位数字，即可观看视频。

 "数艺设"社区平台，为艺术设计从业者提供专业的教育产品。

与我们联系

我们的联系邮箱是 szys@ptpress.com.cn。如果您对本书有任何疑问或建议，请您发邮件给我们，并请在邮件标题中注明本书书名及 ISBN，以便我们更高效地做出反馈。

如果您有兴趣出版图书、录制教学课程，或者参与技术审校等工作，可以发邮件给我们；有意出版图书的作者也可以到"数艺设"社区平台在线投稿（直接访问 www.shuyishe.com 即可）。如果学校、培训机构或企业想批量购买本书或"数艺设"出版的其他图书，也可以发邮件给我们。

如果您在网上发现有针对"数艺设"出品图书的各种形式的盗版行为，包括对图书全部或部分内容的非授权传播，请您将怀疑有侵权行为的链接通过邮件发给我们。您的这一举动是对作者权益的保护，也是我们持续为您提供有价值的内容的动力之源。

关于"数艺设"

人民邮电出版社有限公司旗下品牌"数艺设"，专注于专业艺术设计类图书出版，为艺术设计从业者提供专业的图书、U 书、课程等教育产品。出版领域涉及平面、三维、影视、摄影与后期等数字艺术门类；字体设计、品牌设计、色彩设计等设计理论与应用门类；UI 设计、电商设计、新媒体设计、游戏设计、交互设计、原型设计等互联网设计门类；环艺设计手绘、插画设计手绘、工业设计手绘等设计手绘门类。更多服务请访问"数艺设"社区平台 www.shuyishe.com。我们将提供及时、准确、专业的学习服务。

目录
CONTENTS

第6章 制作卡通风格的低面体灯塔

第9章 制作多彩抽象字母

第10章 制作富有科技感的线条背景

第 1 章

初识Cinema 4D

本章学习要点

了解 Cinema 4D　　熟悉软件界面　　学习建议

1.1 Cinema 4D简介

随着虚拟现实技术不断完善，人们对视觉效果的要求越来越高，三维立体的精致画面开始引领设计潮流，如图1-1所示。而伴随第5代移动通信技术的应用，移动端显示的图片与视频逐渐摆脱了网速的约束，人们对画面有了更高的需求，不仅要传达信息，还要包含美与创意、设计与科技和更自然的人机交互等。大众喜爱的设计风格和流行的设计趋势也受到了新技术发展的影响。

图1-1

设计师如果只是一个会简单排版的美工，那么迟早会被人工智能淘汰。手绘设计、三维设计、字体设计、动效设计、视频设计、用户体验设计和产品思维设计等都是设计师提升市场竞争力的有效手段。

观察近几年天猫双11的品牌联合海报，就能发现手绘和三维作品占比越来越大，无论是平台方还是品牌方，对设计作品的要求越来越严格。从一个大规模的电商盛典足以窥见设计流行趋势的缩影。

手绘是所有设计的基础能力，需要持续地练习，不能一蹴而就。而三维能力却能迅速提升，让设计师的作品在短时间内有质的飞跃，在未来立体思维和三维设计能力也将会成为优秀设计师的标配。

将三维软件中简单易用的 Cinema 4D 与平面设计软件相结合不但可以高效、高质量地完成作品，而且视觉效果也令人惊叹。本书会对9个案例进行分析讲解，解析 Cinema 4D R20 在平面视觉作品中的制作流程和注意要点，带领设计师轻松入门。

1.1.1 简述Cinema 4D

Cinema 4D（简称 C4D）是德国 Maxon 公司研发的三维图形处理软件，以极高的运算速度和强大的渲染插件著称。与 Rhino、Maya 和 3ds Max 等传统三维软件相比，Cinema 4D 算是后起之秀。它应用广泛，在广告设计、电影特效设计、工业产品设计、动画设计和建筑设计等方面都有出色的表现，近几年更在电商、界面和运营等设计领域蓬勃发展，成为页面海报设计中不可缺少的三维图形处理软件，受到广大设计创意工作者的欢迎。使用 Cinema 4D 的设计作品如图1-2所示，其模型和材质表现都非常细腻。

图1-2

Cinema 4D 的特点是专业、易用和强大。它渲染的图片和视频非常逼真，模拟真实效果的材质和灯光种类丰富多样，有强大的第三方插件支持，还可以配合众多优秀的第三方物理渲染器，操作十分简单、直观、极易上手。

1.1.2 R20版本新增功能

Cinema 4D R20，是 Maxon 公司于 2018 年发布的新版本。它引入了一些新框架，让原本就受设计师欢迎的 Cinema 4D 更如虎添翼，高端的设计功能与简化的工作流程，使新版软件有了更强大的创造力和易用性。

节点材质

Cinema 4D R20 拥有多种多样的着色器，通过节点与主材质相连进而创建更复杂的材质效果，调整与控制都非常方便，还能将创建的节点材质封装为资源与他人共享，如图 1-3 所示。

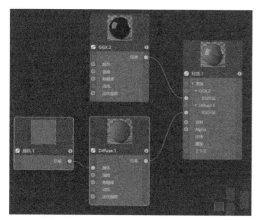

图1-3

MoGraph域

MoGraph 域包括带有衰减效果的形状控制效果器、变形器和权重等，使画面效果的可控性更强，在制作动画时更得心应手，如图 1-4 所示。

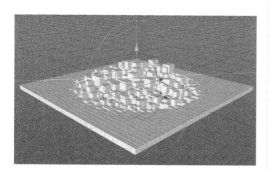

图1-4

体积建模

该功能基于 OpenVDB，可以称为高级版的布尔工具。通过组合形状、样条、粒子和噪波等创建模型，操作简单，效果理想，能帮助设计师摆脱建模困难的烦恼，如图 1-5 所示。

图1-5

ProRender渲染器

ProRender 渲染器是 Cinema 4D R20 内置的 GPU 渲染器，可以充分调动 CPU、图形处理器等计算机资源，达到高速无偏差的渲染效果，如图 1-6 所示。

图1-6

Cinema 4D R20 还有很多新功能，如 CAD 数据导入、多重实例和运动跟踪等。这款三维软件不断迭代且越来越完善和易于操作，可以帮助设计师更好地实现创意。

常见的Cinema 4D平面作品风格

Cinema 4D 与平面设计软件相结合，可设计出独特且令人惊叹的视觉效果，下面介绍一些常见的使用 Cinema 4D 创作的平面作品的风格，本书案例也将对其中几种常见风格进行分析和制作。

1.2.1 卡通场景与低面体风格

卡通场景是三维软件最擅长的风格之一。Cinema 4D 缤纷多彩的材质让模型有着梦幻般的效果，童趣的场景和讨喜的配色在母婴类和儿童类等作品中十分常见；而低面体风格则在科技类作品中流行，如图 1-7 和图 1-8 所示。

图1-7

图1-8

1.2.2 金属风格

金属材质在绘画中表现起来比较复杂，需要反复勾画，但在三维软件中非常容易实现。多层次的明暗反射、斑驳的锈迹磨损和磨砂质感等特效都可以用贴图和参数实现，让画面达到理想效果，如图1-9所示。

图1-9

1.2.3 霓虹灯光效果

Cinema 4D 的发光材质能模拟出霓虹灯光效果的画面，自带夜晚狂欢的特质，非常贴合节日促销的氛围，因此成为各大电商页面的常客，如图 1-10 所示。

图1-10

1.2.4 真实产品渲染与包装展示

三维软件为产品设计而生，在真实产品的渲染方面有天然的优势，并且在平面设计样机和包装设计展示等领域都能发挥巨大的作用，如图1-11和图1-12所示。

图1-11

图1-12

强大的材质渲染能力可以模拟非常真实的超现实场景，在未来科技类、世界末日类和太空幻想类等作品中都有惊艳的表现，如图1-13和图1-14所示。

图1-13

图1-14

1.2.5 奇幻的超现实画面

三维软件是科幻电影效果的主要实现途径，Cinema 4D 创作的超现实画面效果非常惊艳。

1.3 软件界面布局

本节先介绍软件的界面布局和菜单组成，让读者大致了解工具分布。本节会介绍布局的10个模块和菜单中一些展开选项。不必纠结每个按钮具体的功能，多次使用就会熟能生巧。

软件界面默认是暗色调，即深灰色，本书为了印刷清晰，将界面调整为明色调。如果希望和书中的截图相同，可以使用快捷键 Ctrl+E 调出软件的"设置"对话框，调整界面的明暗度。

1.3.1 界面布局的10个模块

Cinema 4D 的界面非常人性化，几乎每个工具按钮都有文字提示，这有助于用户理解该功能的含义。界面布局也很合理，主要分为10个组成模块，如图1-15所示。

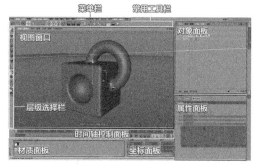

图1-15

- **菜单栏**：包含所有工具与软件功能。
- **常用工具栏**：用按钮展示建模、渲染和操作模型等常用的工具，黑色小三角图标代表有下拉菜单，长按即可展开更多工具。
- **层级选择栏**：切换点、线和面的层级与坐标选项。
- **视图窗口**：占比最大的窗口，是模式显示和三视图显示的主要窗口。
- **时间轴控制面板**：包括时间轴和控制按钮，可以进行播放动画、添加关键帧等操作。
- **材质面板**：显示和创建材质球。
- **坐标面板**：显示视图中对象的坐标数据，可查看和修改对象位置、尺寸和旋转角度等信息。
- **对象面板**：显示模型对象创建后形成的树形结构。
- **属性面板**：显示每个被选中工具可供编辑的属性参数。
- **提示说明**：显示选中工具的文字解释和快捷键。

　　软件也支持自定义布局，每个窗口左上角都有一个▓图标，拖曳该图标即可移动窗口并重新排布，满意后执行"窗口>自定义布局>另存布局为"命令，保存调整后的布局，如图1-16所示。

图1-16

　　如果想回到预设的布局界面，那么可以单击软件界面右上角的"界面"下拉列表，选择"启动"选项，即可恢复默认布局，如图1-17所示。"界面"下拉列表中预置了多种模式的布局，适用不同功能，读者可以自由选择并切换。本书使用默认布局。

图1-17

1.3.2 菜单中的颜色组图标

　　顶部菜单栏包含软件的所有功能和工具，常用的工具集中在常用工具栏中，观察菜单和界面，可以发现 Cinema 4D R20 界面的逻辑性很强，相似功能的图标都用同一种颜色标明。

　　"创建"菜单中是Cinema 4D R20预置的创建模型时使用的工具，分为3组，如图1-18所示。这些工具也对应常用工具栏上的5个按钮。

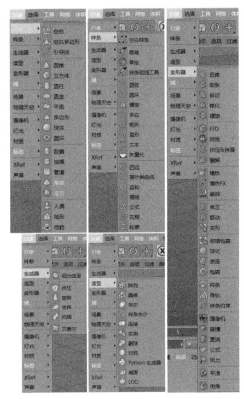

图1-18

- **蓝色图标组**："对象"和"样条"命令，是软件预置的参数化对象。
- **绿色图标组**："生成器"和"造型"命令，用于模型生成或者模型造型。
- **紫色图标组**："变形器"命令，是模型的变形工具。

　　"创建"菜单中另外一部分是"场景""灯光""声音"等命令，如图1-19所示。它们在常用工具栏上也有对应的按钮。

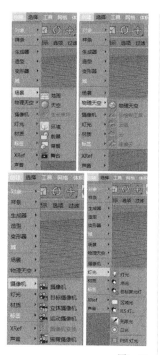

图1-19

- 浅蓝色图标组："场景"和"物理天空"等命令模拟环境。
- 黑白色图标组："摄像机"和"灯光"等命令。

在菜单中还隐藏着3组绿色图标，分别是"体积"菜单中的体积建模命令、"运动图形"菜单中的几个命令和"模拟"菜单中的"布料""粒子""毛发"命令，它们都属于生成模型类命令，如图1-20所示。这3个菜单的命令将在案例中重点介绍，它们的功能非常强大，用户能用简单的操作得到复杂的模型。

图1-20

还有1组橙色图标，它们大多属于辅助类命令，如"选择""运动跟踪""捕捉""角色"中的命令，如图1-21所示。

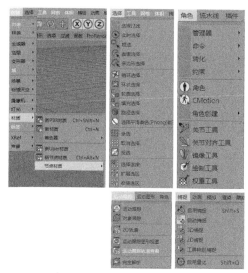

图1-21

用颜色区分图标的作用是分辨工具使用位置，工具只有处于正确的位置才能发挥作用。在对象面板中绿色图标组的工具需要位于顶层，称为"父级"，"模型"和"样条"位于它的下一级；而紫色工具处于底层的内侧，是"模型"的下一级或者平级，称为"子级"，如图1-22所示。

图1-22

了解各类图标的颜色和分类方式可以直观地从图标颜色辨别工具的用法，对理解软件工具非常有帮助。牢记类别而不是每个按钮的定义让学习更有效率。具体用法在案例中会详细介绍，多次使用就会非常熟悉了。

不要死记硬背

虽然笔者尽量详细地记录了本书案例设置的参数，但是记数值不是主要任务，根据自己的画面调整数值，并理解数值背后的含义才是重点。软件不是死记硬背就能学会，不要专注每个按钮的功能，关键是掌握创作思路与实现效果的方法。如果只是对软件功能有疑问，那么搜索引擎就可以告诉你答案，但没有创意和想法，只会临摹与抄袭，设计之路无法长远。

保持学习热情

设计的基础知识是不变的根本，不要因为从事某一特殊领域的设计，就对外界充耳不闻。电商设计是电商平台发展壮大的成果，界面设计随着移动端应用程序的发展而出现，网页设计师纷纷转行，动效设计师成为热门职业……时代会不断发展，也许明天设计领域就会产生新的职位，需要新的能力。但万变不离其宗，被时代淘汰的是不能与时俱进、又不能在自己的领域出类拔萃的人。让自己一直保持学习的热情，并持续不断动手练习，才能保持长远竞争力。

多思考一步

无论设计领域是什么，做设计时都需要多方面考虑。也许客户只要一张海报，可最终的设计能否延展出线上的全屏广告，画面添加动效会怎样变化，横版视觉是否无法适应竖版……这些问题都值得思考。多思考一步，就能更好地实现快节奏又善变的甲方需求。

多看更要多练

本书案例大部分从构思开始直到最终呈现和调整，笔者尽力呈现作品从无到有的过程。如果读者每章案例都跟着练习，然后思考案例拓展中的作品如何制作，并且每章介绍的功能除了案例还能实现什么效果，每一章都重复以上步骤，那么读者就至少拥有 9 个临摹作品和 9 个原创作品。

关于第三方渲染和插件

目前市面上有很多第三方渲染器，如VRay、Octane、Arnold、RedShift 和 Corona等，其中部分是 GPU 渲染器，渲染速度快且效果逼真。但笔者建议优先学习 Cinema 4D 默认的渲染器，透彻理解它的原理和方法，然后扩展新的渲染领域。掌握一两个渲染器足以满足日常工作需要。操作时也不能过分依赖工具，使用插件和预设是为了提高效率。软件是实现想法的工具，想法才是最重要的。

第 2 章

Cinema 4D R20快速上手

本章学习要点

了解软件的基本操作方式　　熟悉各种快捷键的使用　　熟悉参数化对象　　"晶格"造型的使用

2.1 Cinema 4D R20的快捷操作

第1章介绍了组成 Cinema 4D 界面的 10 个模块，虽然只涵盖了软件的常用功能，但是就像使用 Photoshop 多年的设计师也不一定用过所有的菜单选项一样，读者也不需要学习软件的构成，只要能使用它做出作品就行。接下来将分别介绍界面常用的操作方式，涉及视图窗口、常用工具栏、属性面板、对象面板和层级选择栏，以及一些需要鼠标配合的操作方式，帮助读者快速上手软件，开始创作之路。

本章讲解的基础知识略显枯燥，有软件基础的设计师可以直接学习本章小案例的制作，跟随步骤操作也能大致了解基本的操作方式。有实践大于理论，完成操作后再看基础知识也更加直观。

2.1.1 对象物体的移动、缩放和旋转

在 Cinema 4D 中最重要的是模型对象，现在建立一个参数化对象，并尝试控制它。

常用工具栏中有一个蓝色的立方体按钮，将光标放在上面将提示"增加立方体对象"。单击该按钮，视图中出现了一个参数化立方体对象，如图2-1所示。

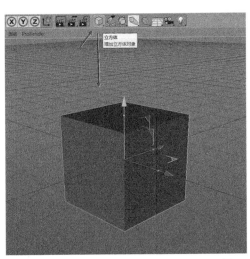

图2-1

移动对象

软件打开后默认选择的是"移动"工具，在工具栏中会高亮显示，如图2-2所示。单击

此按钮或者按快捷键E即可切换为"移动"工具，同时视图中的对象上出现一个三轴向的箭头，说明对象正处于"移动"工具的控制中，移动方式有以下3种。

图2-2

- **自由移动：** 在任意位置按住鼠标左键拖曳，对象跟随鼠标指针移动。
- **沿着轴线移动：** 拖曳轴向箭头，高亮显示后继续拖曳，即可沿着所选轴向移动。
- **沿着平面移动：** 拖曳三角形，即可沿着所选平面移动。

缩放对象

"移动"工具右边是"缩放"工具，如图2-3所示。单击此按钮或者按快捷键T即可切换为"缩放"工具，同时视图中对象的轴向箭头变为方块，说明对象正处于"缩放"工具的控制中，如图2-4所示。缩放方式有以下3种。

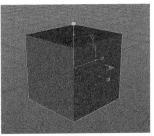

图2-3

图2-4

- **等比缩放**：按住鼠标左键在视图任意位置拖曳，即可实现等比缩放。
- **非等比缩放**：按住鼠标左键拖曳参数轴向上的小黄点，可实现单轴向缩放，改变立方体的长、宽或高。
- **控制参数缩放**：单击对象物体，在属性面板中即可调节相应参数值，"尺寸.X""尺寸.Y""尺寸.Z"分别对应物体的长、宽和高，如图2-5所示。

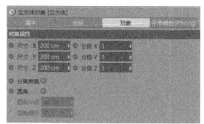

图2-5

由于创建的是参数对象，因此移动单轴向的方块依然是等比缩放。单击层级选择栏的第1个按钮或按快捷键C，即可把参数对象转为可编辑对象，如图2-6所示。此时使用"缩放"工具移动单轴向的方块和平面的三角形就能实现非等比缩放，同时轴向上的小黄点消失，在属性面板中不能编辑参数。

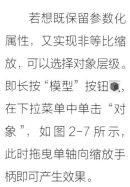

图2-6

若想既保留参数化属性，又实现非等比缩放，可以选择对象层级。即长按"模型"按钮，在下拉菜单中单击"对象"，如图2-7所示，此时拖曳单轴向缩放手柄即可产生效果。

图2-7

旋转对象

"缩放"工具右边是"旋转"工具，如图2-8所示。单击此按钮或者按快捷键R，即可切换为"旋转"工具。同时视图中对象的轴向箭头变为弧线，说明对象正处于"旋转"工具的控制中，如图2-9所示。旋转方式有以下两种。

图2-8

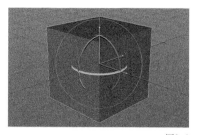

图2-9

- **自由旋转**：按住鼠标左键拖曳可实现任意旋转。
- **沿轴向旋转**：按住鼠标左键拖曳单轴向的弧线可沿所选轴向旋转。

除了使用鼠标对物体进行移动、缩放和旋转外，还能在属性面板中的"坐标"选项卡中填写数值来操作物体。"P.X""P.Y""P.Z"分别对应视图中的 x 轴、y 轴和 z 轴坐标的位置，输入数值即可移动物体；S 表示缩放，R 表示旋转角度，如图2-10所示。

图2-10

提示

旋转时按住 Shift 键可以让物体每次旋转的角度为10°的倍数。

2.1.2 视图的切换与操作方式

接下来学习在 Cinema 4D R20 的视图中进行便捷操作。如果学习过其他三维软件，一定知道三维软件中典型的四视图窗口，在 Cinema 4D R20 中单击视图右上角的窗口形按钮，或者单击鼠标中键，即可切换为四视图，它们分别是"透视视图""顶视图""右视图""正视图"，如图 2-11 所示。与这 4 个视图对应上文的键盘快捷键分别是 F1、F2、F3 和 F4，F5 可显示全部四视图。记住这些快捷键，便于操作时快速切换视图。

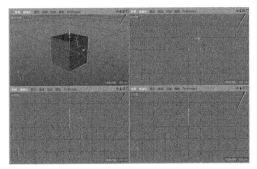

图2-11

单击每个视图右上角的窗口形按钮，或者将鼠标指针放置在其中某一视图，然后单击鼠标中键，即可切换为相应视图的全屏视图。

在切换视图按钮的左侧有几个小按钮，分别是视图的"平移"（快捷键Alt+鼠标中键）、"缩放"（快捷键Alt+鼠标右键）、"旋转"（快捷键Alt+鼠标左键）和"窗口"按钮，将鼠标指针放置在按钮上并按住鼠标左键拖曳，即可实现对视图的相应操作。还可以在"摄像机"菜单中更直观地切换特定角度的视图，如图2-12所示。

图2-12

在"显示"菜单中可以切换显示模式，去除光影的视图能够提升响应速度，如图2-13所示。变更显示方式并不影响渲染结果。

图2-13

- 光影着色：快捷键N+A，显示材质和灯光光影，不显示投影。
- 光影着色（线条）：快捷键N+B，显示材质、灯光光影和结构线条，不显示投影。
- 快速着色：快捷键N+C，显示默认灯光，不显示灯光光影。
- 快速着色（线条）：快捷键N+D，显示默认灯光和结构线条，不显示灯光光影。
- 常量着色：快捷键N+E，显示一个材质填色的色块。
- 常量着色（线条）：显示材质填色色块和结构线条。
- 隐藏线条：快捷键N+F，显示灰色填色和结构线条。
- 线条：快捷键N+G，只显示结构线条。

以下选项只影响线条的显示模式。

- 线框：快捷键N+H，显示对象结构线条。
- 等参线：快捷键N+I，只显示对象的主要结构线框。
- 方形：快捷键N+K，将所有对象显示为方形。
- 骨架：快捷键N+L，只显示骨架，没有骨架的对象显示为空。

其中"光影着色（线条）"模式需要重点关注，此模式能更好地显示对象的结构和观察线的分布方式，例如，创建一个"球体"对象，在键盘上同时按 N 键和 B 键，即可看到球体的布线方式，如图 2-14 所示，在多边形

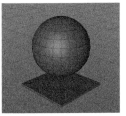

图2-14

建模时经常使用。其他菜单会在后续的案例中提及，此处不再一一解释。

提示

当视图中有多个对象，且只需放大显示其中一个时，可以使用快捷键S，即在视图中最大化单个物体，如图2-15所示。使用快捷键Ctrl+Z可返回之前的视角，如图2-16所示。

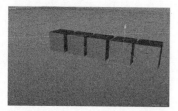

图2-15

图2-16

2.1.3 模型对象的复制

复制视图中的模型对象，除了常用的复制快捷键Ctrl+C和粘贴快捷键Ctrl+V外，还能选择"移动"工具（快捷键E），按住Ctrl键并拖曳其中一个轴，即可方便地复制一个模型对象，如图2-17所示。

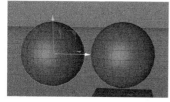

图2-17

视图窗口的对象在对象面板中有对应的一行，如图2-18所示。在对象面板中复制模型时，同样可以使用复制快捷键Ctrl+C和粘贴快捷键Ctrl+V，也可以按住Ctrl键拖曳对象物体。

但视图中对象是重叠的，需要使用"移动"工具才能分开。

图2-18

对象面板的左侧栏显示模型对象类型的小图标和名称，中间栏控制对象的显示和隐藏。

- **两个小圆点**：上方小圆点是编辑器显示，下方小圆点是渲染器显示，分为3个状态循环，默认灰色（开启）→绿色（开启）→红色（关闭）。
- **勾/叉**：启用/不启用，模型暂时不需要在视图中显示，即可设置为不启用，状态与两个红色小圆点相同。

右边栏是该对象使用的标签列表，操作过程中加入的标签选集都会在此处显示。

在对象面板中，右击模型对象即可打开快捷菜单，后面将随着案例详细讲解其功能。

2.1.4 层级选择

界面最左侧的是层级选择栏，如图2-19所示。三维软件中的对象包含点、边、面和模型4个维度，层级选择栏可以实现不同层级的切换，例如，如果需要拖曳某一点，那么使用"点"层级才可以选中该目标点；需要旋转对象，则切换为"模型"层级，否则只能控制选中的目标点。

新创建的参数化对象无法选择"点""边""面""模型"层级，需要转换为可编辑对象（快捷键C）才能被选中，转换后的对象即刻失去对象属性，变为统一的多边形属性。

图2-19

"点""边""面""模型"4个层级中，每次只能选择一个。

- 转为可编辑对象![icon]：即刻失去对象属性，变为统一的多边形属性。
- 模型/对象![icon]：选择"模型"层级，只能编辑模型。
- 纹理![icon]：在贴图中可以编辑纹理。
- 工作平面![icon]：在视图中可以编辑网格平面。
- 点![icon]：选择"点"层级，只能编辑点。
- 边![icon]：选择"边"层级，只能编辑边。
- 面![icon]：选择"面"层级，只能编辑面。
- 启用轴心![icon]：编辑模型轴心的位置，软件默认为正中心。
- 微调![icon]：所选对象没有被激活时，启用微调。

- 视窗独显![icon]：启用或关闭一个对象的独显。
- 启用捕捉![icon]：快捷键Shift+S，可以启用辅助捕捉功能。
- 锁定工作平面![icon]：快捷键Shift+X，锁定网格。
- 平直工作平面![icon]：切换视图网格类型。

在层级选择栏中，应重点熟悉"点""边""面""模型"之间的切换方式，这在多边形建模中很重要。

2.2 Cinema 4D R20的常用设置

Cinema 4D 是一个对设计师很友好的软件，不需要复杂的步骤就能得到不错的渲染效果。本节讲述一些常用设置，步骤虽然简单但却是影响画面质量的关键。

2.2.1 渲染设置

在常用工具栏中，有3个与渲染相关的工具图标，如图2-20所示。

图2-20

- 渲染当前活动视图![icon]：通常用于预览效果，单击就能在视图窗口中看到渲染效果。
- 渲染到图片查看器![icon]：在最终渲染的时候，可以输出指定格式、尺寸和分辨率等。
- 编辑渲染设置![icon]：设置具体的渲染参数。

单击常用工具栏中的"编辑渲染设置"图标![icon]，或者使用快捷键Ctrl+B打开"渲染设置"窗口，可以看到默认的渲染器是"标准"渲染器，可以在下拉列表框中选择其他渲染器，如图2-21所示。

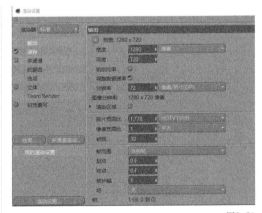

图2-21

Cinema 4D R20 内置的"标准"渲染器非常强大，只是相比其他物理渲染器速度稍慢。只有熟练操作内置渲染器，才能在使用其他高级的渲染器时更得心应手。"标准"渲染器的设置非常简单，牢记以下 3 个通道即可。

- **输出**：根据最终成品图的大小，调整画面尺寸，"分辨率"通常选择72像素/英寸，印刷输出则需使用300像素/英寸，但渲染时间会相应增加；"帧范围"等选项控制渲染时间轴的位置，通常选择"当前帧"进行渲染，输出一段动画需要设置"起点""终点""帧步幅"。
- **保存**：选择保存路径和格式，通常选择PNG无损压缩图片格式或者PSD格式，以便渲染完成后自动保存图片进行后期调整；如勾选"Alpha通道"复选框，在画面无背景的情况下会渲染出背景透明的图片，如图2-22所示。

2.2.2 摄像机设置

摄像机可以做出许多动画效果，在静态视觉作品中通常起着固定视角的作用。完成构图后架设一个摄像机固定视角，当调节效果导致画面视角混乱时，可以切换为摄像机视角回到最初的构图。使用摄像机还可以调整景深效果，模拟真实的照相机参数拍摄画面。

Cinema 4D R20中摄像机的种类很多，平面视觉作品通常使用第一个基础"摄像机"，其他摄像机是制作动态效果时使用的，本书不涉及，如图2-24所示。

图2-24

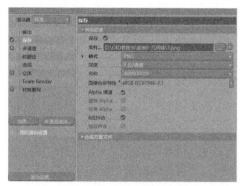

图2-22

- **抗锯齿**：决定画面中贴图的质量，调整"抗锯齿"级别为"最佳"即可，如图2-23所示；如果作品渲染后出现锯齿，那么需要考虑这项设置是否被遗漏。

单击"摄像机"图标，画面中会出现一个摄像机的线框示意图，在对象面板中也会出现摄像机图标，相应的属性面板中会出现摄像机的相关属性。单击对象栏中摄像机图标后方的黑色十字星图标，如图2-25所示。使其变成白色，即进入了摄像机画面，锁定了当前视角，如图2-26所示。单击该图标可切换视角：当图标显示为黑色时，退出摄像机视角，此时可以旋转和编辑等；当图标显示为白色时，返回完成构图的摄像机视角。

图2-23

图2-25

图2-26

这些是渲染出图的基本设置，几乎每次渲染时都要调整。而"多通道"涉及分层渲染，其他选项不是常用功能，可以暂时忽略。除了"标准"渲染器，本书中还会使用模拟真实效果更好的"物理"渲染器和GPU算法的"ProRender"渲染器，具体案例具体分析。

摄像机的属性面板中默认打开"对象"选项卡，常用的参数是可以改变画面透视关系的"焦距"，如图2-27所示。默认焦距是"经典（36毫米）"，适用于大部分场景；小场景渲染通常选择"常规镜头（50毫米）"或"肖像（80毫米）"，这两种焦距会使产品看起来有少许变形；特殊场景可能会用到"超宽（15毫米）"和"超远距（300毫米）"等焦距类型。图2-28所示为不同焦距的透视关系。

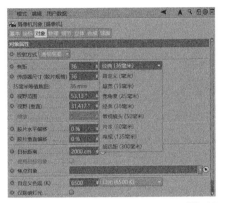

图2-27

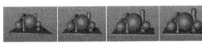

图2-28

在摄像机的"物理"选项卡中，有许多模拟真实相机的参数，调节"光圈"参数可以设置画面景深效果，还可以设置画面暗角等后期效果，熟悉摄影的读者可能会更容易了解这些参数，如图2-29所示。

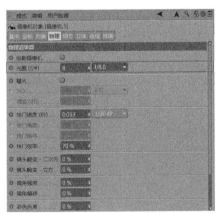

图2-29

2.2.3 灯光设置

还有一个影响画面效果的重要因素是灯光。Cinema 4D R20有以下几种灯光类型，如图2-30所示。

图2-30

- 灯光：以一点向四周照射，默认为照射无限远。
- 点光：以一点向一个方向以一定的范围散射。
- 目标聚光灯：给聚光灯设置一个目标，聚光灯始终朝向目标，随目标的移动而移动。
- 区域光：以一个面向四周照射，类似于柔光箱。
- IES灯：需要和灯光贴图一起用，通常在室内设计时使用。
- 无限光：朝一个方向平行照射的光线。
- 日光：模拟太阳光，使用频率较少。
- PBR灯光：软件高版本中新增的灯光，更接近真实效果，自动加入了投影和衰减。

其中"灯光""区域光""PBR灯光"使用较多。它们的参数设置大同小异，亮度都通过属性面板中"常规"选项卡的"强度"进行调节；"颜色"可以控制灯光颜色，可以做出彩色的灯光，如图2-31所示。

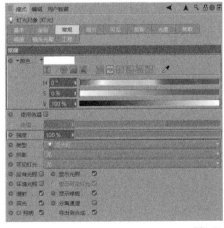

图2-31

灯光有两项基本设置，第一项是除"PBR灯光"以外的灯光默认都没有投影，需要使用以下3个选项打开"投影"，如图2-32所示。

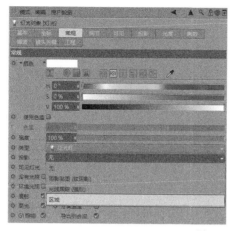

图2-32

光的照射范围有限度。在灯光的"细节"选项卡中,设置"衰减"为"平方倒数(物理精度)",让灯光更接近真实效果,如图2-33所示。

图2-33

- 阴影贴图(软阴影):效果是软边阴影。
- 光线跟踪(强烈):效果是硬边阴影。
- 区域:效果是近实远虚阴影。

通常选择"区域"阴影,其效果更加真实,具体的设置还需根据效果决定。

第二项是"衰减"程度,"灯光"默认照射无限远,但是在真实世界中几乎不可能,为了达到更真实的效果,需要给灯光设置衰减范围,让灯

而Cinema 4D R20中新加入的"PBR灯光"默认开启了以上两个设置,可以直接使用,非常方便。

观察不同灯光的大致效果,如图2-34所示。

灯光(加阴影)　　　灯光(加阴影、加衰减)

区域光(加阴影)目标聚光灯(加阴影)无限光(加阴影)

图2-34

2.3 制作一张简单的几何海报

网络上有很多使用Cinema 4D R20制作的视觉图,其中大部分是抽象几何物体的海报,艺术感十足。现在利用学到的基础知识可以快速搭建一个抽象的几何场景,创作第1幅Cinema 4D作品,效果如图2-35所示。这幅作品中使用的都是基础参数对象和区域光,以及"标准"渲染器。

图2-35

Cinema 4D 作品的制作流程为构思→建模→渲染→后期，如图2-36所示。构思阶段是大致想象画面的构图、制作的主题和使用的背景，最好勾画草图记录构思过程，确保在实际创作时不会偏离最初的想法。构思完成后即可开始建模、打光和添加材质，过程中需要耐心，逐步构建，多次预览渲染、调试和修改，力求达到预期效果。以上步骤都完成后，选择合适的渲染器渲染出图，后期可以在图片编辑软件中进行调色和文字排版等。

因为学习该案例的目的是熟悉软件操作，所以省略前期构思的步骤，直接开始建模与渲染。

图2-36

2.3.1 搭建舞台

01 使用快捷键Ctrl+N打开空白场景，在常用工具栏中长按立方体图标，在下拉菜单中有预置的参数化对象，分别单击"立方体"和"平面"，如图2-37所示，创建一个"立方体"和"平面"对象。

图2-37

02 把立方体压扁放在中间，作为承接中心物体的平台，可以使用"缩放"工具（快捷键T），也可以拖曳坐标轴上的小黄点，调整为一个有厚度的扁平长方体。此处调整属性面板中的"对象"选项卡，设置"尺寸.X"为420cm、"尺寸.Y"为10cm、"尺寸.Z"为265cm；勾选"圆角"复选框，让立方体的边缘更圆滑；"圆角半径"决定边缘的圆滑弧度，"圆角细分"决定圆角的平滑程度。设置"圆角半径"为5cm、"圆角细分"为5，如图2-38所示。

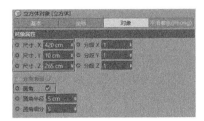

图2-38

03 单击"平面"对象并修改大小，用作地面，可以使用"缩放"工具放大，也可以在"对象"选项卡中设置"宽度"为2000cm、"高度"为1000cm，如图2-39所示。然后使用快捷键Ctrl+C和Ctrl+V复制一个"平面.1"对象，将"方向"修改为"+Z"，用作背景，如图2-40所示。

图2-39

图2-40

04 使用"移动"工具（快捷键E）把"平面.1"对象沿着 z 轴方向移动，放在立方体后方，形成地面、背景和中间立方体的格局，如图2-41所示。

图2-41

05 使用"移动"工具（快捷键E）单击"立方体"对象，按住Ctrl键并向上拖曳绿色的 y 轴箭头，复制一个"立方体.1"对象作为框架。修改"尺寸.X"为350cm、"尺寸.Y"为425cm、"尺寸.Z"为160cm，取消勾选"圆角"复选框，如图2-42所示。得到一个比平台窄且没有圆角的长方体，使用"移动"工具拖曳绿色的y轴箭头，将它的底部与平台贴合，位置较低也没关系，不要悬空即可，如图2-43所示。

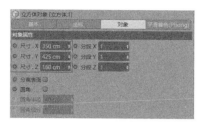

图2-42

图2-43

06 长按上方常用工具栏中的"实例"图标，在下拉菜单中选择"晶格"造型，这个造型能根据对象物体的分段数进行实体化描边，如图2-44所示。在对象面板中把"立方体.1"对象拖曳至"晶格"造型上，看到向下的黑色箭头时释放，使"立方体.1"对象位于"晶格"造型的子级中，同时视图中"立方体.1"对象被应用到"晶格"造型上变为一个框架，如图2-45和图2-46所示。

图2-44

图2-45

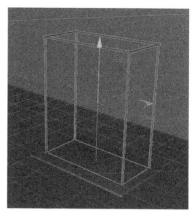

图2-46

07 调整"晶格"的属性。在对象面板中选中"晶格"，属性面板中即刻出现"晶格"的相关参数，设置"圆柱半径"为1.4cm、"球体半径"为1.6cm、"细分数"为16，让模型整体更精致和平滑，如图2-47所示。

图2-47

08 调整"立方体.1"对象的"分段"数，让框架在z轴方向的边框更多，丰富模型细节。单击对象面板"晶格"工具子级的"立方体.1"对象，属性面板中即刻出现该立方体的具体参数，设置"分段Z"为3，如图2-48所示。视图中可以看到z轴方向的框架分段增加了，如图2-49所示。

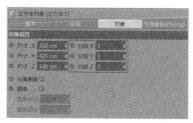

图2-48

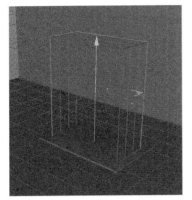

图2-49

09 用同样的方法做出背景的格子装饰物，长按常用工具栏中"立方体"图标■，创建一个"平面"对象，在属性面板中设置"方向"为"+Z"，使它直立。使用"移动"工具（快捷键E）拖曳蓝色的z轴箭头，把"平面.2"对象放在后方接近背景的位置，最终置于框架的右上方，如图2-50所示。选中它并按住Alt键，单击常用工具栏的"晶格"造型并应用于"平面.2"对象，使"平面.2"对象变为格子状，如图2-51所示。

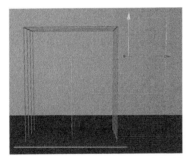

图2-50

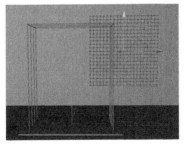

图2-51

10 格子交叉处不需要圆球，把"圆柱半径"和"球体半径"都改为1cm，如图2-52所示。格子变细了，如图2-53所示。在透视窗口按住Ctrl

键，选择"移动"工具拖曳红色的x轴箭头复制一个同样的"晶格"，仅拖曳绿色的y轴箭头，将复制的"晶格"下移，与第一个"晶格"呈对角线分布，使用快捷键F4查看"正视图"，调整xy平面的位置，效果如图2-54所示。

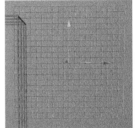

图2-52   图2-53

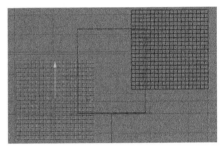

图2-54

11 继续创建一个"平面.3"对象，在属性面板中设置"方向"为"+Z"，让平面直立，然后设置"宽度"为450cm、"高度"为765cm，用"移动"工具调整至格子和背景之间，丰富背景的细节，具体位置可以随意，如图2-55所示。正视图的位置仅供参考，使用快捷键F1切换为"透视视图"，查看三维位置。背景和舞台都搭建完成，空间位置由后到前分别是背景平面、装饰平面、平台和框架，如图2-56所示。

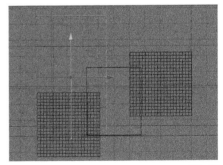

图2-55

图2-56

2.3.2　架设摄像机

完成框架就可以架设摄像机以固定构图，然后摆放内部元素，这会使操作更精准。

01 按住Alt键的同时拖曳鼠标指针，调整画面为正面角度。用鼠标滚轮调整距离，让视图中物体呈居中分布，布满画面。

02 单击"摄像机"图标📷，架设一个普通摄像机，如图2-57所示。此时透视窗口中会出现黄点坐标，如图2-58所示。对象面板中也相应出现"摄像机"对象，单击"摄像机"对象后面的黑色准星图标📷，使其变为白色，画面就进入了摄像机视角，如图2-59所示。架设摄像机后，在黑色图标状态下可调整视图位置，单击变为白色图标后，可回到构图的位置。

图2-57

图2-58

图2-59

03 在类似的小场景中不需要夸张的透视，轻微的透视能让物体不易变形，因此只需调整摄像机焦距即可。单击对象面板中的"摄像机"对象，属性面板中会出现"摄像机"的相关参数，在"对象"选项卡中调整"焦距"参数，选择适合本次小场景的"肖像（80毫米）"，如图2-60所示。

图2-60

04 可以看到透视窗口中画面变得很近，因此需要把画面调整到合适的位置，推荐使用视图窗口右上角的"平移"工具📷和"缩放"工具📷，如图2-61所示。查看对象面板中的"摄像机"对象是否处于白色图标的摄像机视角中，完成构图固定。

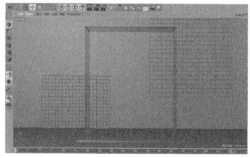

图2-61

2.3.3　添加元素模型

填充中心的元素模型都由基础的参数化对象组成，读者可以尝试摆放后带着疑问学习，促进知识的吸收。

01 长按常用工具栏中的"立方体"图标，在下拉菜单中选择"球体" 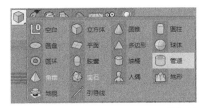，创建一个"球体"对象，拖曳球体的小黄点，调整半径为35cm，使用"移动"工具拖曳绿色的 y 轴箭头，将"球体"放置在舞台上并贴近舞台，便于后期渲染时得到良好的阴影效果，使用快捷键F4切换视图查看具体位置。然后创建"胶囊"对象 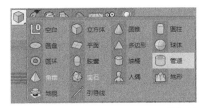，设置"半径"为20cm、"高度"为146cm，如图2-62所示。

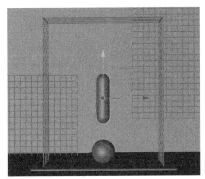

图2-62

02 使用"旋转"工具（快捷键R）调整三维方向的位置，复制两个"胶囊"和"球体"对象，利用"缩放"工具（快捷键T）和"移动"工具（快捷键E），将几个物体摆放得错落有致，如图2-63所示。调整时需要不断地退出摄像机视角，并按Alt键旋转视图，从三维方向查看物体是否处于穿插又紧挨的状态，力求达到画面平衡。

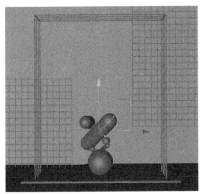

图2-63

03 创建一个"管道"对象作为中心图形，如图2-64所示。设置"内部半径"为67cm、"外部半径"为85cm、"旋转分段"为72、"高度"为43cm、"方向"为"+Z"，让管道表面更平滑；勾选"圆角"

复选框，设置"分段"为3、"半径"为1cm，如图2-65所示。使用"移动"工具拖曳绿色的 y 轴箭头，将"管道"对象放置在"胶囊"对象上方。按住Ctrl键使用"缩放"工具，复制一个较小的管道作为中心，设置"内部半径"为7cm、"外部半径"为25cm、"高度"为18cm，如图2-66所示。

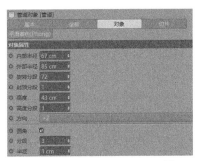

图2-64

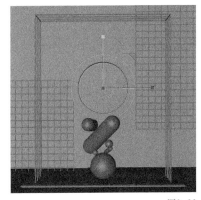

图2-65

图2-66

04 选中其中一个"管道"对象，按住Ctrl键使用"移动"工具复制一个，设置"内部半径"为24cm、"外部半径"为70cm、"旋转分段"为108、"高度"为6cm，如图2-67所示。选中此管道并按住Alt键，单击常用工具栏中"晶格"造型，把它应用于"管道"对象作为中心的放射线，设置"晶格"造型的"圆柱半径"和"球体半径"都为0.85cm、"分段"数为4。完成后中心的图形如图2-68所示。

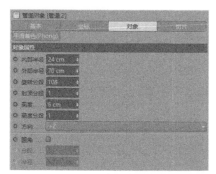

图2-67

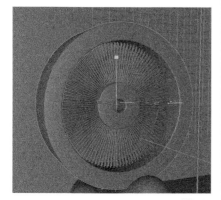

图2-68

05 按住Shift键在对象面板中选中几个管道和晶格后，使用快捷键Alt+G把选中的图形放在一个空白文件夹中，然后将其重命名，如图2-69所示。接着选中整体，使用"旋转"工具（快捷键R）拖曳红色的 x 轴箭头，把中心圆形向右旋转30°，以表现它的厚度，如图2-70所示。

图2-69

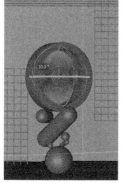

图2-70

06 完成上方的点缀物体后，继续制作"圆锥"、"圆环"和"圆柱"对象，摆放的位置和角度可随意，位于画面上方即可，如图2-71所示。

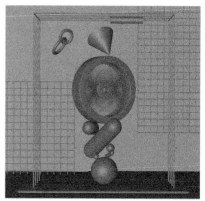

图2-71

07 制作左右两侧的物体，左侧的图形是半个管道。创建一个"管道.2"对象，设置"内部半径"为12cm、"外部半径"为41cm、"旋转分段"为36、"高度"为101cm、"方向"为"+Z"，勾选"圆角"复选框，设置"分段"为3、"半径"为1cm，使其边缘平滑，如图2-72所示。切换到"切片"选项卡，勾选"切片"复选框，如图2-73所示，即可看到管道变为一半。轻松完成左侧物体后，添加一个小圆锥进行装饰，然后使用"旋转"工具将整体放在舞台上，如图2-74所示。

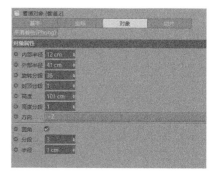

图2-72

图2-73

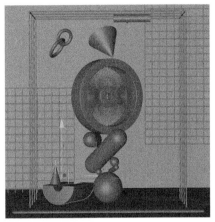

图2-74

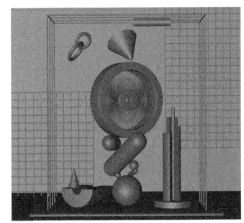

图2-76

08 制作右侧的一组图形。图形的底座是一个压扁的圆柱。创建一个"圆柱"对象，设置"半径"为44cm、"高度"为20cm、"旋转分段"为36，使表面平滑。在"封顶"选项卡中勾选"圆角"复选框，设置"分段"为3、"半径"为1cm，使其边缘平滑。图形的中心是一个圆柱体，周围围绕着切片。复制底座的圆柱对象，设置"半径"为4.2cm、"高度"为226cm，并向上移动该圆柱，将其作为中心的支柱。再次复制一个"圆柱"对象，设置"半径"为15cm，在"切片"选项卡中勾选"切片"复选框，设置"起点"为35°、"终点"为230°，向下移动使其低于中心支柱，如图2-75所示。

图2-75

09 再次复制两个切片圆柱，设置其中一个切片圆柱的"半径"为18cm，"切片"的"起点"为-64°、"终点"为76°；设置另一个切片圆柱的"半径"为24cm，"切片"的"起点"为-277°、"终点"为-112°，调整两个圆柱的位置，让三个圆柱呈阶梯状，完成全部模型，如图2-76所示。

2.3.4 打出第一盏灯

模型完成后可以设置灯光，对不熟悉材质状态的新手设计师而言，先确定光影关系会降低操作难度。

01 长按常用工具栏中的"灯光"图标💡，选择"PBR灯光"，如图2-77所示。这是从Cinema 4D R19版本开始才加入的新灯光，它的好处之一是直接开启了投影的"阴影"，不用每次都进行调节。开启PBR灯光后，可以看到在透视视图中心出现了一盏灯，单击对象面板中摄像机的白色图标，退出摄像机视角。使用"移动"工具将创建的灯光置于中心物体的斜上方；使用"旋转"工具将灯光的 z 轴正对中心物体，使灯光正确照射，如图2-78所示。

图2-77

图2-78

02 完成主光源的设置后，使用"移动"工具，并按住Ctrl键拖曳红色的 x 轴箭头，复制出一盏灯，放置在中心物体的斜上方作为补光，使画面外侧不会过分黑暗，大致位置如图2-79所示。补光的亮度需要弱于主光源，在属性面板中设置补光的"强度"为67%，如图2-80所示。

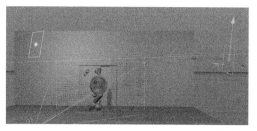

图2-79

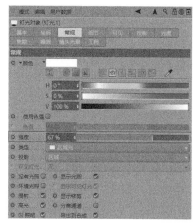

图2-80

03 加入左右两盏灯后基础光源就基本完备了，单击工具栏的"渲染活动视图"图标，简单渲染后查看光影关系，如图2-81所示。如存在过于黑暗的地方则需调整灯光位置，让画面整体明暗平衡。

图2-81

2.3.5 调节材质

完成灯光的设置后即可给模型添加材质，本次选择基础的无反射材质和略带反射的材质，简单几步就能达到想要的效果。

01 在材质面中的空白处双击，创建一个基础材质球，如图2-82所示。

图2-82

02 双击材质球打开"材质编辑器"窗口。在此窗口中左侧都是材质通道，可以调节材质的不同效果，右侧是每个通道的参数编辑区域，软件默认勾选"颜色"和"反射"通道。制作背景的材质只需要勾选"颜色"通道，取消勾选"反射"通道。单击打开"颜色"通道，设置"颜色"的"H"为17°、"S"为32%、"V"为89%，得到一个明度高、饱和度低的暖色，如图2-83所示。

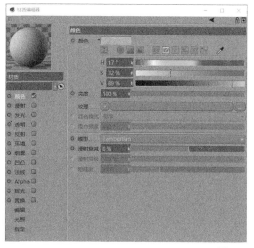

图2-83

03 背景有深和浅两种颜色，在材质面板中按住Ctrl键并向右拖曳材质球以复制一个，双击并修改"颜色"的"H"为16°、"S"为47%、"V"为91%，得到一个较深的颜色。

04 用鼠标左键按住浅色的材质球，将其拖曳并放置在对象面板的"背景"上，即可将此材质球赋予

"背景"，同理再把浅色材质球赋予"地面"，把深色材质球赋予"背景.2"，如图2-84所示。在视图中观察到背景和地面的颜色已经改变，如图2-85所示。

图2-84

图2-85

05 主体添加了反射材质，画面会更加漂亮。双击材质面板创建材质球，在"颜色"通道设置"颜色"为白色，即"H"为0°、"S"为0%、"V"为94%，此处不宜使用纯白，否则材质没有光影变化。重点是设置"反射"效果，本案例不需要强反射，只需材质略带光泽。单击进入"反射"通道，设置"类型"为"GGX"、"反射强度"为7%、"菲涅耳"类型为"导体"，即可得到一个有光泽的材质，如图2-86所示。在材质面板可以观察到此材质球与"背景"的无反射材质不同。

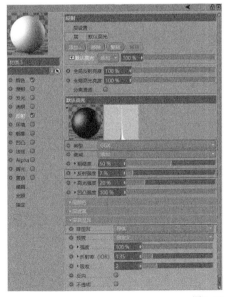

图2-86

06 复制材质球，设置出几个颜色不同但反射材质相同的材质球，以丰富画面颜色。笔者可以使用以下4种，在操作中改变"颜色"通道的数值即可，参数设置如图2-87所示。

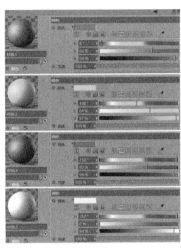

图2-87

07 完成材质设置后即可给模型逐一添加材质，用户可以通过将材质球放置在对象面板中相应的对象物体上，或者拖曳至视图中的对象物体上为模型添加材质。材质使用情况如图2-88所示，我们在制作时应注意一边制作一边进行重命名，此刻会更加明确。上色原则和设计画面相同，尽量用主色进行大面积铺色，注意颜色应统一又包含变化，用对比色作为点缀，但颜色数量不宜过多，否则画面将太过混乱，效果如图2-89所示。

图2-88

图2-89

2.3.6 渲染出图

完成了模型、灯光和材质的设置后即可渲染出图。接下来介绍如何进行渲染设置，以求效果达到理想的状态。

01 单击常用工具栏中"渲染设置"图标■，弹出"渲染设置"窗口，默认打开"输出"通道。本案例需要渲染一个方形的画面，因此设置"宽度"和"高度"都为"1920像素"，如图2-90所示。

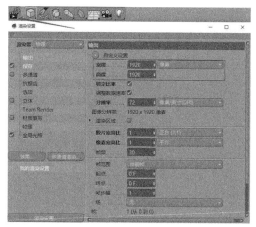

图2-90

02 单击打开"抗锯齿"通道，设置"抗锯齿"级别为"最佳"，如图2-91所示。

图2-91

03 添加一个整体光源让画面更通透。单击"渲染设置"窗口的"效果"按钮■■■，选择"全局光照"，如图2-92所示。窗口左侧即刻出现"全局光照"通道，单击进行设置，本次只需使用预设，选择"室内-高品质（小型光源）"，此光源适合渲染静物小景，如图2-93所示。

图2-92

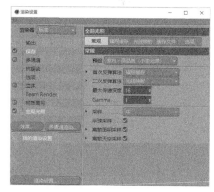

图2-93

04 通过单击"渲染到图片查看器"图标■，或者使用快捷键Shift+E打开"图片查看器"窗口，可以看到图片已经开始渲染了。根据计算机配置的不同，等待的时间也不同。窗口中画面全部呈现出来的效果如图2-94所示。

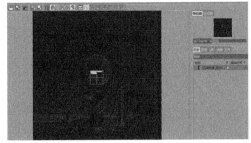

图2-94

05 可以在"保存"通道设置存储位置，渲染完成时就自动保存为设定格式的文件。也可以在渲染完成后手动保存，单击"图片查看器"窗口左上方的"保存"图标打开"保存"窗口，修改"格式"为"PNG"，其他选项保持默认，如图2-95所示。单击"确定"按钮，弹出保存路径的窗口，选择一个合适的位置保存即可。

图2-95

06 一张Cinema 4D R20的几何视觉作品就完成了，如图2-96所示。如果最后得到的画面颜色偏灰或偏暗，那么可以在Photoshop中使用"曲线"进行调整，让画面更鲜明。

图2-96

2.4 案例拓展

　　本次的案例根据前期设计和搭配以暖色为主，点缀对比色绿色和白色，读者可以根据不同的配色调整不同的颜色效果，如图2-97所示。同理，读者还可以使用不同的几何图形，例如，预置参数化对象的宝石、人偶和角锥等，让它们作为画面的主体，通过多种搭配形成一套系列作品，从而增加对Cinema 4D R20的熟练程度。整体案例完成后，只需执行"文件 > 增量保存"命令，即可在相同位置另外保存一个文件。

图2-97

第 **3** 章

制作圣诞节海报

本章学习要点

使用"挤压"生成器　　使用"扭曲"与"螺旋"变形器　　使用"实例""对称""阵列"造型
HDR 贴图的使用方法　　反射材质的调节方法

3.1 分析与构思

设计师日常收到的设计需求大部分是节日主题。无论是春节、元旦和七夕等传统节日，还是双11、双12等电商活动日，或者是各种国际活动日，如世界无烟日、地球一小时和粉红丝带等，都有各种不同的表达与诉求，是各大品牌促销或者品宣的秀场。

设计节日主题海报的方式很多，本章讲述圣诞海报的制作，从创建节日元素开始到最终画面排版，展示用 Cinema 4D R20 制作节日主题海报的方法，让设计师脱离只会拼凑素材的窘境，能够独立创作作品。

3.1.1 分析主题

大型节日前夕，大量的设计素材会充斥各个素材网站，人人都可下载使用，但想要自己的作品脱颖而出就不能简单地拼凑素材。刚开始独立创作可能会让设计师感觉茫然且无从下手，笔者建议先理性地分析后再开始制作，以节约时间和提高效率。

1.提取圣诞关键词

使用发散思维列出联想到的圣诞词语，如果有品宣目的，那么还需要加上品牌的关键词。先发散，后集中，形成第一层级，然后根据第一层级的关键词发散到第二层级，就有了具象的元素和颜色，一般两级就足够了，如图3-1所示。

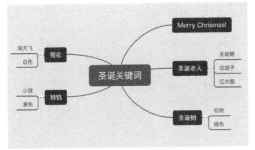

图3-1

2.精选关键元素

根据关键词精选能准确表达圣诞氛围的关键画面元素，如图3-2所示。

图3-2

3.配色

根据关键词提取颜色，但需注意颜色不宜过多。为了配合节日氛围，将红色作为主色调，加入经典的白色和绿色进行搭配，黄色作为点缀，形成如图3-3所示的海报色板。

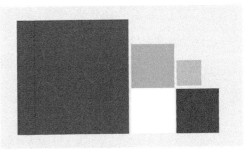

图3-3

3.1.2 构思草图

理清关键词、元素和色卡，构思草图就会变得轻松且方向明确。主题文字作为主体物占据中心位置，圣诞帽和圣诞老人的胡子这两个典型元素就能表达圣诞氛围，不必再刻画圣诞老人。圣诞树和彩灯围绕周边，并加入礼盒体现促销氛围，用铃铛和雪花装饰画面，大致草图如图3-4所示。

图3-4

促销内容有时会迅速变化，需要多次修改。因此为了成图的效率，节日类海报可以用 Cinema 4D R20 建模和渲染主题部分，用后期软件合成促销文字，便于海报的尺寸变化时进行修改。

构图需要点、线和面配合使用，三维模型在视觉上形成了占位最多的面，所以还需要点或者线元素的配合。例如，画面中出现一些装饰性小球、小三角碎片或者斜线等，会让构图的层次更加丰富不单调。本章的圣诞海报中，铃铛和礼盒都是点装饰，后期合成时加入文字，完成画面。

3.2 制作模型

本次的模型不难，基本可以用基础参数对象搭建而成，Cinema 4D R20 预置的参数化对象很实用，可以在原有基础上实现多种变化。逐个建立需要的元素后，根据构图搭建场景和组合画面，各个元素的制作步骤如下。

3.2.1 制作立体字

在空白画布中，从中心的立体字开始制作。

01 Cinema 4D R20可以直接生成立体字，执行"运动图形>文本"命令，如图3-5所示。透视视图中会出现"文本"立体字，如图3-6所示。

02 在属性面板中的"对象"选项卡中可以看到文本的内容、字体、大小和对齐方式等具体参数。在"文本"文本框中输入文字"圣诞狂欢季"，设置"深度"（即文字厚度）为24cm、"高度"（即文字大小）为146cm，选择一个喜欢的字体，设置"对齐"方式为"中对齐"，如图3-7所示。在视图中查看效果，如图3-8所示。

图3-5

图3-6

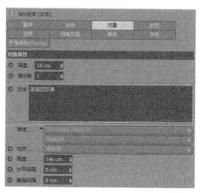

图3-7

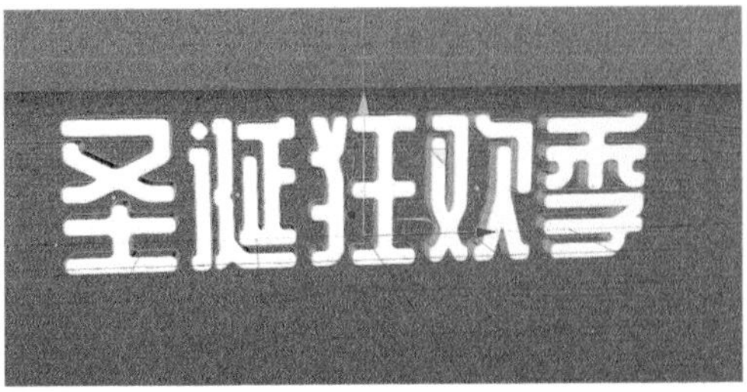

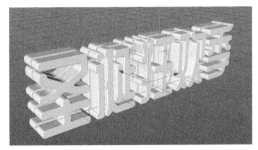

图3-8

03 在“封顶”选项卡中设置“顶端”和“末端”都为“圆角封顶”、“步幅”都为1、“半径”都为0.8cm，如图3-9所示。半径越大弧度越大，步幅决定了圆滑程度，这次只需要一个轻微的倒角，数值偏小即可。视图中立体字的边缘出现了细边，反射时会显示一条亮边，使字体更漂亮精致，如图3-10所示。

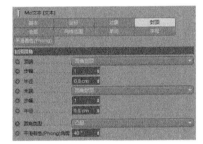

图3-9

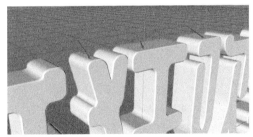

图3-10

提示

选择封顶后，封顶的半径会让字体笔画变粗，如果只需要倒角而不改变字体粗细，可以勾选“封顶”选项卡中的“约束”复选框，使字体保持不变。

04 目前字体有些单薄，需要给它加一个外描边。切换为“移动”工具（快捷键E）选中立体字，按住Ctrl键的同时按住鼠标左键向后拖曳蓝色的z轴箭头，复制文字内容，如图3-11所示。

图3-11

05 加粗后方的字体。在“封顶”选项卡中修改“顶端”的“步幅”为3、“半径”值为2.8cm，使边缘更圆滑；修改“末端”的“半径”为9.8cm，如图3-12所示，使它形成前小后大的斜面。用“移动”工具向前移动后方字体，使前面的字体少量露出，形成一个小的凸起，文字就变得有层次且不再单薄，如图3-13所示。

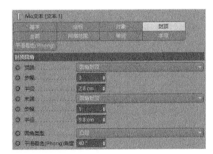

图3-12

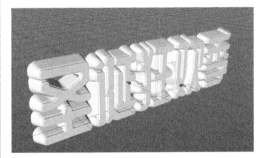

图3-13

3.2.2 制作圣诞帽

完成主体文字后可以隐藏它们以制作小元素。细节元素都比较简单，可以用基础参数对象制作。

01 长按常用工具栏中的"立方体"图标⬡,可以看到软件预置的参数化对象,单击创建一个"圆锥"对象作为帽子的主体。在属性面板中的"对象"选项卡中,设置"底部半径"为50cm、"高度"为83cm、"高度分段"为40,因为后续需要进行变形,所以设置较高的分段数,如图3-14所示。

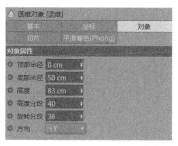

图3-14

02 创建一个"圆环"和"球体"对象,分别作为帽子的边缘和顶部的毛球,设置"圆环半径"为52cm、"导管半径"为10cm,其余参数设置如图3-15所示。设置球体的"半径"为13.5cm,其余参数不变。使用"移动"工具⬦把圆环放在圆锥底部、球体放在圆锥顶部,视图中出现帽子雏形,如图3-16所示。

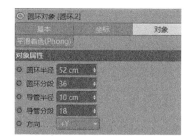

图3-15

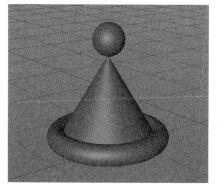

图3-16

03 帽子不是直立的,需要有一些弯曲,即添加"扭曲"变形器。单击常用工具栏上的"变形器"图标◧,选择"扭曲"变形器后,在透视视图中出现了一个紫色的线框,如图3-17所示。

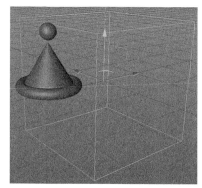

图3-17

04 在Cinema 4D R20中紫色图标属于变形器,用法与绿色图标生成器不同,紫色图标是作用体的子级,需要放在应用的对象下方。在对象栏中拖曳紫色"扭曲"变形器到"圆锥"对象上,出现向下的箭头时释放,此时"扭曲"变形器就成了"圆锥"对象的子级,如图3-18所示。

05 此时透视视图中看不到变化,紫色线框还是很大。在属性面板中的"对象"选项卡中单击"匹配到父级"按钮,如图3-19所示。即可发现视图中紫色线框变成与圆锥匹配的大小,如图3-20所示。

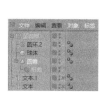

图3-18

图3-19

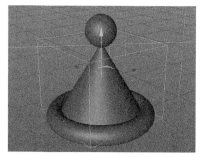

图3-20

06 在属性面板中的"对象"选项卡中修改"角度"为60°，即可得到想要的弯曲帽子形状，如图3-21所示。把"球体"对象移动到尖端，帽子就完成了，如图3-22所示。使用快捷键Alt+G将其组合，然后隐藏备用。

图3-21

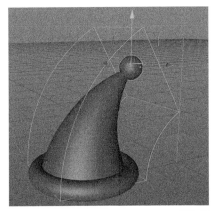

图3-22

提示

　　当"扭曲"变形器不起作用或者扭曲后对象不平滑时，可以增加该对象表面的分段数，分段数越多扭曲表面越平滑，但占用系统资源也会越大，适当增加即可。

3.2.3 制作圣诞树

　　圣诞树只需概括形体即可，树冠用三个"圆锥"叠在一起，底部用一根"圆柱"作为树干，唯一需要注意的是三个圆锥都要增加封底。创建三个"圆锥"对象后，在属性面板中的"封顶"选项卡中勾选"底部"复选框，把"半径"和"高度"都改为2cm，让圆锥的边缘出现较小的倒角，三个圆锥都进行同样的设置，如图3-23所示。模型看起来圆滑而精致，如图3-24所示。

图3-23

图3-24

3.2.4 制作礼盒

01 单击常用工具栏中"立方体"图标，创建一个"立方体"对象作为礼盒的主体，正方体或者长方体皆可，笔者选择制作一个长方体。在属性面板中的"对象"选项卡中设置"尺寸.X"和"尺寸.Z"（长度和宽度）都为46cm、"尺寸.Y"（高度）为60cm，勾选"圆角"复选框，设置"圆角半径"为1cm、"圆角细分"为3，如图3-25所示。

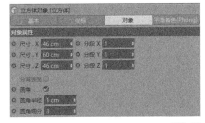

图3-25

02 制作绑在盒子上的缎带。选中立方体并先后使用快捷键Ctrl+C和Ctrl+V，原位复制一个新立方体，在"对象"选项卡中设置"尺寸.X"为47cm、"尺寸.Y"为61cm、"尺寸.Z"为4cm、"圆角半径"为0.5cm，数值参考如图3-26所示。得到一根略长的窄条，如图3-27所示。

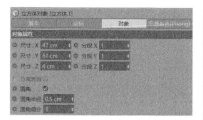

图3-26

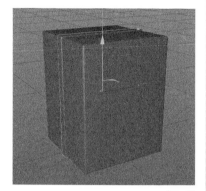

图3-27

03 再次使用快捷键Ctrl+C和Ctrl+V复制两个立方体,在"对象"选项卡中调整它们的尺寸。修改其中一个立方体的"尺寸.X"为4cm、"尺寸.Y"为61cm、"尺寸.Z"为47cm;另一个立方体的"尺寸.X"为47cm、"尺寸.Y"为4cm、"尺寸.Z"为47cm。两个立方体的"圆角半径"都改为0.5cm,得到其他两个方向的缎带,如图3-28所示。

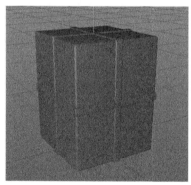

图3-28

04 制作缎带的装饰球。长按常用工具栏中的"立方体"图标,单击创建一个"球体"对象,设置球体"半径"为5cm、"分段"数为48。使用"移动"工具,将球体放置在顶部缎带的交叉处作为装饰球,如图3-29所示。

图3-29

05 制作顶端的绑花。长按常用工具栏的"画笔"图标,选择"花瓣"样条,如图3-30所示。在"对象"选项卡中设置"内部半径"为5cm、"外部半径"为10cm、"花瓣"为6、"平面"为"XZ"方向,数值参考如图3-31所示。

图3-30

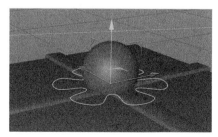

图3-31

06 使用"移动"工具选中"花瓣"样条,放置在缎带的上方、小球的四周,如图3-32所示。长按常用工具栏的"细分曲面"图标,选择"挤压"生成器,如图3-33所示。在对象面板中把"花瓣"样条拖曳到"挤压"生成器上,出现箭头时释放,"花瓣"就成为"挤压"生成器的子级,如图3-34所示。

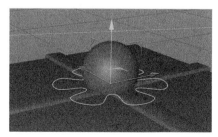

图3-32

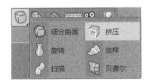

图3-33　　　　　　　　　图3-34

07 选中"挤压"生成器，在属性面板中的"对象"选项卡中设置"移动"的3个数值分别为0cm、1cm和0cm，如图3-35所示。在"封顶"选项卡中，将"顶端"和"末端"都改为"圆角封顶"，设置"步幅"都为3、"半径"都为1cm、"圆角类型"为"2步幅"，如图3-36所示。通过挤压得到层叠的花瓣，用"移动"工具调整它的位置，得到漂亮的绑花，效果如图3-37所示。礼盒就制作完成了，同样使用快捷键Alt+G组合并隐藏，接下来制作圣诞老人的白胡子。

图3-35

图3-36

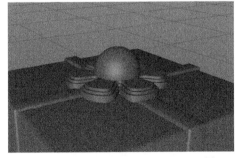

图3-37

3.2.5 制作胡子

白胡子也只需要概括形体即可，画出一边胡子形状的样条后挤压出厚度，然后通过镜像得到另一边。样条有两种绘制方法。

01 读者如果有手绘板或者是触控屏，可以长按常用工具栏的"画笔"图标，选择"草绘"工具，如图3-38所示。使用快捷键F3切换为右视图，按照草图绘制胡子形状的闭合样条，单击层级选择栏的"点"图标 ，切换为"点"层级后，用"移动"工具调整单个点以修整形状，如图3-39所示。

图3-38

右视图

图3-39

提示

　　如果移动样条时出现变形，那么需要检查是否处于"点"层级中。移动整个样条需要在"模型" 层级中进行。读者可查看层级选择栏的高亮图标，确保当前处于需要的层级模式中。

02 读者如果没有手绘工具就单击"画笔"工具，类似Photoshop钢笔工具的使用方法，绘制贝塞尔曲线，如图3-40所示。完成后同样需要切换为"点"层级，用"移动"工具修整形状。

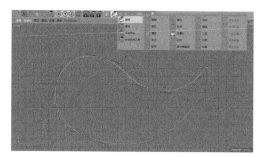

图3-40

03 得到胡子的样条后,使用快捷键F1回到透视视图,在对象面板中选中胡子样条,按住Alt键单击常用工具栏中的"挤压"图标,如图3-41所示。使样条成为"挤压"生成器的子级,如图3-42所示。

图3-41

图3-42

04 选中"挤压"生成器,然后在属性面板中的"对象"选项卡中设置"移动"的第一个数值(即x轴方向)为20cm,其他两个轴数值为0cm,如图3-43所示。在"封顶"选项卡中设置"顶端"和"末端"都为"圆角封顶"、"步幅"都为5、"半径"都为1cm,如图3-44所示,一边的胡子就完成了。在透视视图中检查胡子的厚度,如图3-45所示。

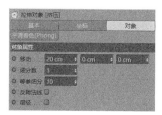

图3-43

图3-44

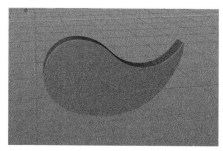

图3-45

05 在对象面板中选中"挤压"生成器,按住Alt键单击常用工具栏中的"对称"图标,如图3-46所示。得到"对称"造型,且"挤压"生成器是"对称"造型的子级,形成"对称""挤压""样条"3级,使"对称"造型作用于"挤压"生成器,胡子的另一边也完成了,如图3-47所示。

图3-46

图3-47

06 此时观察透视窗口中有无变化,如果发现没有变化或镜像的方向有误,那么就需要修改"对称"造型属性。在"右视图"中绘制胡子,修改"镜像平面"为"XY",如图3-48所示。即可在xy平面中得到另外一半胡子,如图3-49所示。

图3-48

图3-49

07 一层胡子略显单薄,像主题字一样加一个外描边会让胡子更有层次感。在对象面板中选中"对称"造型,然后切换为"移动"工具,在透视视图中按住Ctrl键拖曳 *x* 轴红色箭头，复制出一组胡子，如图3-50所示。修改后方一组胡子的"挤压"生成器属性，设置"顶端"的"步幅"为1、"半径"为15cm、"末端"的"半径"为4cm，如图3-51所示。让胡子的边缘形成一个前小后大的斜面，然后向前移动至紧贴前方的胡子，完成胡子元素，如图3-52所示。

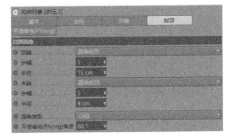

图3-51

图3-50

图3-52

3.3 搭建场景

综合上一节制作的立体字、圣诞帽、圣诞树、礼盒和胡子，即可搭建整体场景模型，如图3-53所示。先搭建主体舞台，然后排布元素，再架设摄像机固定构图，最后添加装饰元素以丰富画面。

图3-53

3.3.1 搭建舞台

01 搭建立体字后方的圆形舞台。创建一个"圆柱"对象和两个"圆环"对象，如图3-54所示。将圆柱的形状改为圆盘，在"对象"选项卡中设置"半径"为200cm、"高度"为30cm、"旋转分段"为72，使其边缘更圆滑，修改"方向"为"+X"，如图3-55所示。

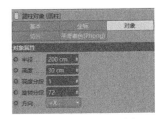

图3-55

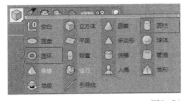

图3-54

02 设置两个"圆环半径"都为207cm、"圆环分段"都为108、"方向"都为"+X"，其中一个圆环的"导管半径"为10cm、另一个圆环的"导管半径"为4cm，如图3-56和图3-57所示。按照图3-58所示的位置拼接三个对象，使圆环环绕在圆盘背景的周围，细的圆环和粗圆环紧挨在一起。

图3-56   图3-57

图3-58

03 选中"圆柱"对象，使用快捷键Ctrl+C和Ctrl+V复制一个，结合"缩放"工具 进行缩小并前移，重复上述步骤，制作三个尺寸递减的圆柱，得到有层次感的背景，如图3-59所示。

图3-59

04 制作圆盘上面排列整齐且间距相同的装饰小灯泡，使用"阵列"造型可以让元素均匀地呈放射状分布。长按常用工具栏"立方体"图标，创建"球体"对象，如图3-60所示。修改球体尺寸，设置"半径"为10cm，如图3-61所示。得到一个小灯泡并选中，按住Alt键同时单击常用工具栏中的"阵列"造型，如图3-62所示。对象面板中出现了"阵列"造型，并且小灯泡位于"阵列"造型的子级中。

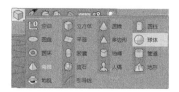

图3-60

图3-61

图3-62

05 阵列的方向默认在 xz 平面上，本案例中需要它和圆盘方向相同，处于 xy 平面上。选中对象面板中的"阵列"造型，切换为"旋转"工具 ，将纵向的 z 轴向下旋转90°，如图3-63所示。使阵列的球体方向与圆盘一致，然后在属性面板中调整"阵列"造型的"半径"（即放射半径）为178cm、"副本"（即复制数量）为15，如图3-64所示。调整位置，图形效果如图3-65所示。

图3-63   图3-64

图3-65

06 选中对象面板中的"阵列"造型器，连同它子级的球体一起复制，使用"旋转"工具 ◎ 把球体整体旋转11.5°，旋转到第一组球体的空隙之间，如图3-66所示。然后调整子级球体的"半径"为5cm，如图3-67所示。得到了两组大小不同的球体，完成圆盘舞台，如图3-68所示。

图3-66

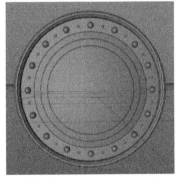

图3-67

图3-68

3.3.2 排布元素

01 使用"移动"工具和"缩放"工具把立体字和圣诞元素放在舞台中，根据设计草图，先放置圣诞帽、胡子和立体字，如图3-69所示。因为需要突出主题，所以放大立体字，并与装饰圆盘保持一定距离，避免后期打光出现过多的阴影。圣诞帽和胡子是主要的圣诞元素，应围绕在立体字周围。

图3-69

02 虽然只做了一棵圣诞树，但是可以利用复制粘贴变成一组。选中圣诞树的组，单击常用工具栏的"实例"图标 ◎ 给模型创建分身，不管复制多少棵树，只要本体发生改变，其他分身也会发生相应变化，便于后期添加材质。不断复制圣诞树，上下各放几棵，让圣诞树错落有致，如图3-70所示。

图3-70

03 对礼盒也使用"实例"工具进行复制，并放在字体周围，展现节日的热闹氛围。布置时注意前后的遮挡关系，并旋转礼盒角度，使其朝向不同，避免单调，如图3-71所示。

图3-71

04 此时画面还不够丰富，可以创建"球体"和"圆环"等参数对象进行装饰，使用"移动"工具和"旋转"工具，让元素分布错落有致，有密有疏。装饰不宜过多，以免画面杂乱影响效果，最后效果如图3-72所示。

图3-72

3.3.3 架设摄像机

场景基本搭建完成，此时需要进行构图，使画面固定，因此需要架设摄像机。

01 设置画面尺寸。单击常用工具栏中的"编辑渲染设置"图标，在"输出"通道设置"宽度"和"高度"都为"21厘米"，将画幅设置为正方形，设置"分辨率"为"300像素/英寸（DPI）"，如图3-73所示。

图3-73

02 回到视图中，按住Alt键并拖曳鼠标调整画面角度，配合鼠标滚轮前后拉近画面、调整视角，参照设计草图让窗口的主体物充满画面，直到满意为止。

03 单击"摄像机"图标，如图3-74所示。此时在透视窗口中会出现黄点坐标，对象面板中也会相应出现"摄像机"对象，单击"摄像机"对象右边的黑色准星，使其变成白色，画面就进入了摄像机视角。

图3-74

04 对摄像机的设置进行细微修改，此次作品不需要夸张的透视，因此调整摄像机焦距，使画面边缘不要出现太大的变形即可。选中对象面板中的"摄像机"，属性面板中即刻出现"摄像机"的相关参数，在"对象"选项卡中设置"焦距"为"80肖像（80毫米）"，如图3-75所示。构图就固定完成了，如图3-76所示。

图3-75

图3-76

固定构图后，如果担心忘记退出摄像机视角而让设定好的画面移动，那么可以给摄像机添加一个"保护"标签，锁定画面。

在对象面板中，右击"摄像机"，在弹出的快捷菜单中执行"CINEMA 4D标签>保护"命令，如图3-77所示。即可给"摄像机"添加"保护"标签，如图3-78所示。此时在视图中无法移动画面，退出摄像机视角才能改变距离和旋转画面。

图3-77

图3-78

3.4 添加灯光

完成模型并固定画面后，开始为场景添加灯光。有时初学者不知道从何处入手，因此本节会详细介绍添加灯光的步骤和方法。然后简单介绍三点布光法，让初学者对添加灯光有基本了解，可以轻松入手。

为了便于观察，可以添加一个白色基础材质，即常说的"白膜"，以便更好地观察物体的光影关系。

01 选中所有模型，用快捷键Alt+G合成模型组。双击材质面板，创建一个默认的白色材质球，拖曳这个材质球到对象面板中的模型组上，可以观察到整体模型都被赋予了白色的基础材质，如图3-79所示。

图3-80

图3-79

02 添加主光源。长按常用工具栏中的"灯光"图标，选择下拉菜单中的"区域光"，如图3-80所示。使用"移动"工具将创建的灯光放在主题字的斜上方，使用"旋转"工具将灯光的z轴对着主体物，确保照射方向正确，如图3-81所示。拖曳灯光周围方框的黄色编辑点可以改变灯光尺寸，尺寸越大效果越接近无限光源，阴影边缘更虚化且柔和。

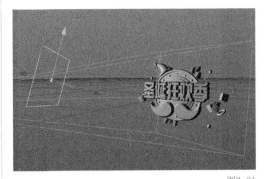

图3-81

03 在"常规"选项卡中，设置"投影"类型为"区域"，这样投影效果与真实投影效果相近，如图3-82所示。由于圣诞元素需要自然的投影，因此需要加大灯光的尺寸和修改投影的类型，读者可以根据场景需要自行修改参数。

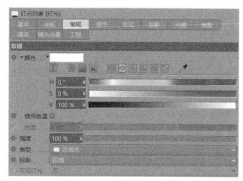

图3-82

04 观察模型会发现有很深的暗面，这会影响渲染效果，因此需要添加补光。单击"灯光"图标，添加一盏默认"灯光"，放置在主题字的右下方，照亮胡子等下方的物体，如图3-83所示。因为不是主光源，所以需要降低这盏灯的亮度，在"常规"选项卡中修改"强度"为80%、"投影"类型为"区域"，如图3-84所示。

图3-83

图3-84

05 复制一盏"区域光"，移动到上方靠后的位置，照亮主体的边缘和上方的元素，如图3-85所示。调整每盏灯都需要单击"渲染活动视图"图标，进行渲染预览查看，将各方面光源调整得较为平均、没有曝光也没有太暗的面，剩下的暗面可以在渲染的时候添加全局光照进行消除，如图3-86所示。

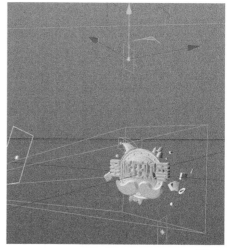

图3-85

图3-86

辅助光：又称为"补光"，照亮主体光遗漏的地方，调节明暗对比，同时形成景深与层次，通常辅助光的亮度只有主体光的50%~80%。

轮廓光：又称为"背光"，用于分离主体和背景，强调主体外轮廓，帮助凸显空间的形状和深度感，是表现画面空间关系重要的一环。

这3种光可以很好地勾勒出物体的体积与光影关系，如图3-87所示。当然它不能解决场景中所有的光影问题。初学者从这个理论入手即可，根据画面效果灵活运用，不必僵化地要求每个作品一定要有3盏灯，任何理论都不能适用于一切场景。

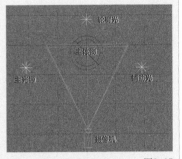

图3-87

3.5 添加材质

因为本次案例需要烘托节日氛围，需要画面明亮和华丽，所以使用了反射材质和发光材质。这两者都属于基础材质，本节会重点介绍这两种材质的调节和使用。

3.5.1 反射材质

创建反射材质的方法很多，此处介绍的是常用方法，简单且效果好，只需几步就可以按照定好的色卡，做出一个带反射光泽的红色材质球。

01 双击材质面板创建材质球，双击材质球打开"材质编辑器"窗口，在"颜色"通道中设置"颜色"为偏深的红色，数值"H"为0°、"S"为72%、"V"为67%，如图3-88所示。颜色选择不宜太鲜艳，否则加入反射后会比较刺眼。

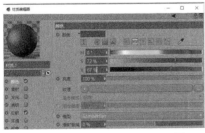

图3-88

02 单击进入"反射"通道，默认高光的光泽感不够强，本案例需要强反射材质。因此单击"移除"按钮删除默认高光，然后单击"添加"按钮，如图3-89所示。选择"GGX"类型，修改"菲涅耳"

为"绝缘体"，在预览中可以看到材质有了漂亮的反射，光泽感很强，如图3-90所示。

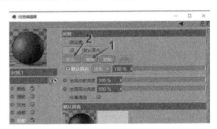

图3-89

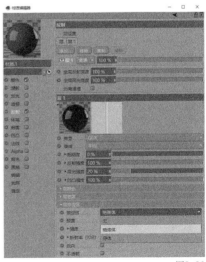

图3-90

03 按照色卡制作圣诞树的材质。在材质面板中按住Ctrl键拖曳复制一个材质球，把"颜色"改为绿色，数值"H"为156°、"S"为72%、"V"为67%，如图3-91所示。圣诞树的反射相对较弱，在"反射"通道中修改"反射强度"和"高光强度"分别为35%和15%，其他保持默认，如图3-92所示。

图3-91

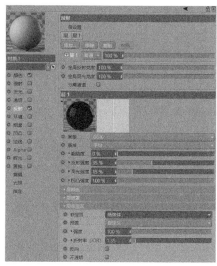

图3-92

04 点缀的铃铛是类似金属的黄色带反射材质，同样复制一个红色材质球，修改"颜色"为亮黄色，数值"H"为37°、"S"为71%、"V"为93%，"粗糙度"为22%。修改"菲涅耳"为"导体"，显示预置的"折射率（IOR）"为1.52，其余设置不需要修改，金属质感就可以得以展现，如图3-93所示。

图3-93

图3-93（续）

3.5.2 发光材质

在原定的设计中，字体周围有一圈发光的装饰球，可以烘托节日氛围。下面调节发光材质。

01 双击材质面板创建一个默认材质球，因为发光材质看不到固有色，所以取消勾选"颜色"通道，勾选"发光"通道，不需要调节就可以看到球体正在发光。"颜色"指发出不同颜色的光，"亮度"是调节发光的强度，保持默认的白色和100%亮度即可，如图3-94所示。

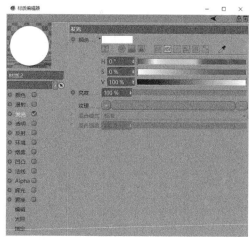

图3-94

02 只添加"发光"通道的材质不够立体，需要给材质再添加反射效果，形成发光玻璃球效果。勾选"反射"通道，添加GGX高光，修改"高光强度"

为35%、"菲涅耳"为"导体"、"折射率（IOR）"为1.9，增强材质反射，如图3-95所示。

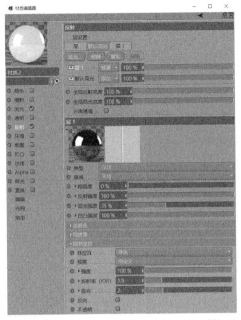

图3-95

3.5.3 HDR贴图和材质球的使用

将完成的材质赋予模型，不需要一次做完所有的材质，可以根据需要慢慢增加，完成的材质球也需要根据灯光与画面进行多次调整。因为有反射材质，所以需要给场景添加一个环境，让反射材质有反射源。默认的环境是一片漆黑，材质的反射强度看不出效果，此时就要给环境添加HDR贴图。

01 长按"地面"图标，在下拉菜单中选择"天空"，如图3-96所示，对象面板中会出现一个"天空"对象。

图3-96

02 双击材质面板的空白处创建一个默认材质球，双击材质球打开"材质编辑器"窗口，取消勾选默认的"颜色"和"反射"通道，只勾选"发光"通道。进入"发光"通道，单击"纹理"后方的小三角图标选择"加载图像"，即可加载一张HDR贴图文件，如图3-97所示。本次案例选择了一张室外的雪景，在圣诞节也比较应景。

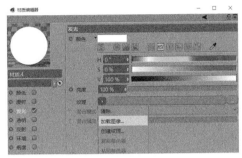

图3-97

提示

　　文件一般会包含一套HDR格式文件和一个JPG预览图，加载的时候一定要选择HDR文件，如图3-98所示。

图3-98

03 将这个HDR贴图的发光材质拖曳到对象面板中的"天空"上，可以看到视图中的天空被赋予了HDR贴图，如图3-99所示。使用"旋转"工具旋转天空，调整天空光源的位置。

图3-99

04 环境在材质反射时起作用即可，不需要在整体渲染中显示，因此可以把它隐藏起来。在对象面板中右击“天空”后，弹出快捷菜单，执行“CINEMA 4D标签>合成”命令，给“天空”添加“合成”标签，如图3-100所示。选中“合成”标签后，在属性面板中的“标签”选项卡中取消勾选“摄像机可见”复选框，如图3-101所示，即可取消场景中天空背景的可见，但是材质的反射和折射不变。

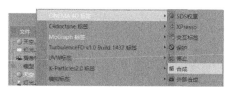

图3-100

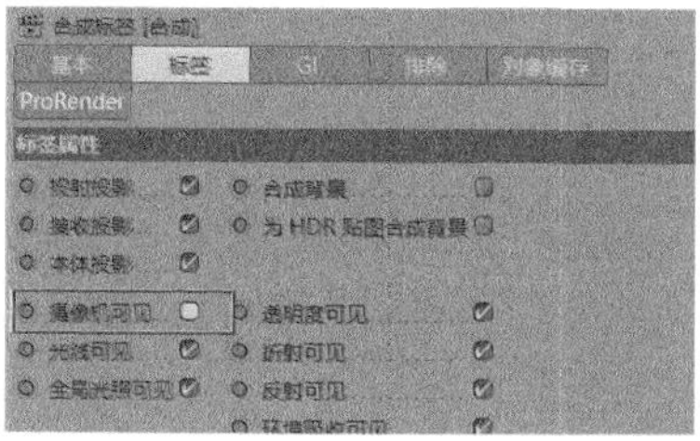

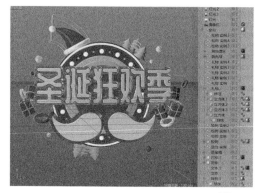

图3-101

05 HDR天空就完成了，现在需要把材质逐个赋予模型对象，红色的帽子、绿色的树、金色的铃铛和红色的礼盒等。拖曳材质球到对象面板中的相应模型上，鼠标指针出现向下的箭头时松开，该材质就被赋予模型了。添加了“实例”的模型，如圣诞树，只需要把材质赋予原始模型，实例模型会同步显示，不需要逐个添加。上色时需要时刻记住以红色为主，其他颜色是点缀，画面整体颜色不宜太多，材质赋予效果如图3-102所示。

图3-102

HDR贴图

HDR的中文意思是高动态范围图像，这种图像非常接近人眼的动态范围，简单来说是保留了丰富的亮部细节和暗部细节的照片。HDR贴图是用HDR照片制作的无缝贴图，一般分为室外环境和室内环境两种。

在三维软件中加入HDR贴图可以更好地模拟室内外的环境，得到更真实的光影效果与反射环境。

3.5.4 背景花纹材质

01 观察画面会发现元素较散乱，因此可以在整体模型后面添加一个背景进行整合。创建一个“球体”对象，设置“半径”为325cm、“分段”为160，放在主体元素后面，效果如图3-103所示。为此背景添加旋转的彩条材质。

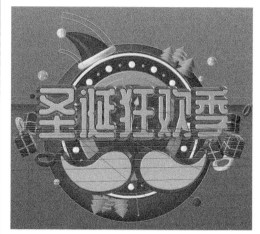

图3-103

02 创建一个材质球并打开“材质编辑器”窗口，在“颜色”通道中单击“纹理”小三角，选择“表面”，然后选择“棋盘”，如图3-104所示。在“着色器”选项卡中修改“U频率”为1、“V频率”为0，设置颜色分别为红色和绿色，如图3-105所示，将材质赋予球体，得到一个红绿相间的球体。

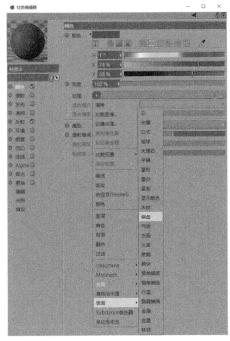

图3-104

图3-105

03 创建"螺旋"变形器，如图3-106所示。在对象面板中把"螺旋"变形器放置在条纹"球体"的子级。在"对象"选项卡中单击"匹配到父级"按钮，让"螺旋"变形器的尺寸与"球体"对象匹配，调整"角度"为332°，如图3-107所示。

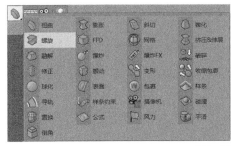

图3-106

图3-107

04 观察视图发现旋转的位置不正确，所以使用"旋转"工具将球体沿着蓝色的z轴方向旋转90°，让彩条以正确的位置旋转起来，如图3-108所示。

图3-108

3.6 渲染输出

在模型、材质和灯光等的设置过程中，读者可以多次预览渲染、查看效果，调整细节与颜色，力求达到预期的效果。画面整体偏暗也没关系，后期会加入全局光照，只要没有曝光的地方即可，完成后进行渲染输出。

3.6.1 设置渲染器

单击"渲染设置"图标打开"渲染设置"窗口，进行基础的渲染设置。

01 在"输出"通道中改变尺寸，调整"宽度"和"高度"都为"21厘米"、"分辨率"为"300像素/英寸（DPI）"，便于后期制作一张A4大小的海报和印刷输出，如图3-109所示。

图3-109

02 在"保存"通道设置输出格式，设置画面输出的存储位置，"格式"选择"PNG"或"PSD"。因为需要输出背景透明的主体，所以勾选"Alpha通道"复选框，如图3-110所示。

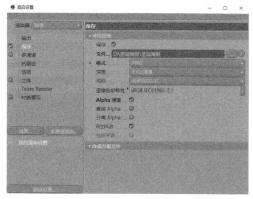

图3-110

03 单击打开"抗锯齿"通道，修改"抗锯齿"级别为"最佳"，如图3-111所示。

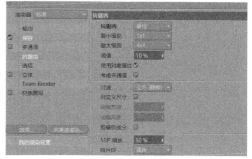

图3-111

3.6.2 设置全局光照

整体画面太暗可以开启全局光照进行调整。可以在布置灯光时开启，但是会降低预览速度，输出的时候再开启则可以提高操作效率。

在"渲染设置"窗口中单击"效果"按钮
■ 效果■，选择"全局光照"，通道栏即刻出现"全局光照"通道。单击"全局光照"，软件预设了许多"全局光照"的类型，即光线反弹的不同类型。

"首次反弹算法"和"二次反弹算法"会根据不同的算法产生不同的光照效果，效果越好渲染时间越长。其中"准蒙特卡洛"算法是效果最接近真实世界的算法，但渲染的时间也最长，通常不使用。笔者推荐一个效果与渲染时间平衡的设置，即设置"首次反弹算法"为"辐照缓存"、"二次反弹算法"为"光线映射"、"采样"为"高"，如图3-112所示，该效果可以满足日常使用的需求，也不会耗时过长。

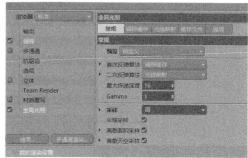

图3-112

全局光照是三维软件中特有的名词，作用是为了模拟真实的光照环境。

开启全局光照后，软件不仅计算光与暗的部分，还计算光的反射，即光照射到物体上，物体会反射部分光线，反射出的光线会影响周围的物体，周围接收光线的物体会再次反射部分光线，光线就在物体与物体之间产生了反射、折射和焦散等不同光效，构成了现实的自然光。

图3-113

3.6.3 渲染输出

单击"渲染到图片查看器"图标■或使用快捷键Shift+E打开"图片查看器"窗口，可以看到已经开始渲染了。根据计算机配置的不同，等待的时间也不同。视图窗口中的画面将全部呈现出来。当"历史"选项卡出现绿点时，表明渲染全部完成，如图3-113所示。如果在"图片查看器"窗口中看到模型周围出现很多锯齿，可能是PNG格式预览的问题，存储后再查看，锯齿就会消失。如果储存后锯齿还是存在，就需要检查创建过程中设置是否出现问题。

如果前期没有设置存储位置，可以在渲染完成后手动保存，单击"图片查看器"窗口左上方的"保存"图标，打开"保存"通道，设置"格式"为"PNG"，勾选"Alpha 通道"，即可保存透明背景的图片，如图 3-114 所示。

图3-114

3.7 后期合成

由于软件限制，通常 3D 软件渲染出的图片会偏灰，因此大多都需要后期调色弥补不足。简单的调色可以在 Cinema 4D R20 中完成，复杂的合成步骤可以使用 Photoshop 或者 After Effects，本节将简单介绍两种方式。

3.7.1 渲染器调色

Cinema 4D R20自带的渲染器可以进行简单的画面调整，渲染完成后可以查看"图片查看器"窗口右边的属性面板，"滤镜"选项卡中有很多参数，但都呈灰色状态不能设置，勾选"激活滤镜"复选框即可调整"饱和度""亮度""对比度"等参数，如图3-115所示。通常需要提高画面亮度、增加对比度，这样画面就会更加通透。

图3-115

"滤镜"选项卡中可以调节"曝光度""反相"等参数，还可以调整每个RGB通道的曲线，甚至加载一些预置效果。如果满意本次调整的效果，单击"保存预置"按钮即可储存本次调整的数值，之后可以直接载入使用。

读者可以尝试调节"滤镜"选项卡中的每个参数，预览窗口会实时显示调节的结果，这些参数足以解决多数作品的灰暗问题。当然此处的参数没有Photoshop中的丰富，渲染后可以用Photoshop再调节。

3.7.2 Photoshop调色

Photoshop的调色方式多种多样，这里介绍一个常用的方法。

01 使用Photoshop打开图片，在图层面板中右击，执行"转换为智能对象"命令，如图3-116所示，使后续步骤能对图片进行改变。

图3-116

02 执行"滤镜 > Camera Raw 滤镜"命令，如图3-117所示，或者使用快捷键Shift+Ctrl+A打开"Camera Raw 滤镜"窗口。

图3-117

03 在窗口中修改"色温"为+9、"色调"为+16，让画面偏暖一些，提高"曝光""高光""黑色""清晰度"等数值，即可改变画面偏灰的问题。但曝光不宜太过，适当提高"黑色"可以减少黑面的范围，适当提高"高光"可以提亮画面亮部，也不会损失亮部的细节。读者可根据需要自行调整，案例的调整如图3-118所示。

图3-118

3.7.3 海报合成

色彩调整完成后就可以合成海报了，基本步骤为添加底色、丰富背景、字体排版和点缀特效4步，如图3-119所示。

图3-119

01 在Photoshop中创建一个A4尺寸画布，选定背景颜色为主色的红色，降低纯度，不能太刺眼，此处使用的是#bc1224，然后置入渲染效果图，放在中心偏上的黄金位置。

02 复制渲染效果图并放大，降低"透明度"至80%，修改图层混合模式为"滤色"，把复制的元素放在背景上。创建一个深红色的圆形放在复制元素的底层，增加背景层次感。

03 放入文字并排版，放大主要宣传的折扣，注意粗细和大小搭配，让文字有变化，页面不单调。

04 创建白色的圆点并将其分散地放置在背景上，模拟雪花，增加节日氛围。把Logo放在最下方，然后调整画面整体的位置和大小，达到平衡统一，海报就完成了，效果如图3-120所示。

图3-120

3.8 案例拓展

　　把后期文字和渲染元素分开制作是为了更好地拓展作品的尺寸和篇幅，修改主要信息也会更方便快捷，如图 3-121 所示。读者可以把元素分别排版，延伸出不同尺寸的海报、条幅和广告等。熟练操作Cinema 4D R20 后，全部元素都渲染出图会更为立体精致。

图3-121

第4章

制作金属风格立体数字

本章学习要点

导入外部样条　　制作模拟布料　　随机克隆的调节方法　　金属和混合纹理材质的调节方法

金属字是常用的设计效果，适合很多场景，如硬朗的游戏主题、炫酷的片头文字和有质感的海报等。金属字的制作方法也有很多，Photoshop 和 Illustrator 都有模拟金属色的方法，即通过图层样式和纹理叠加实现，但是用 Cinema 4D R20 的金属材质渲染字体操作简单且效果绚丽，可控性和延展性都更强。

本章通过一张周年庆海报，讲解金属字的建模方式和金属材质的调节方法，拟定主题文字为"5 周年庆典"，用黄金质感的金属字搭配黑色金属背景，表现一种绚丽的、流金岁月的感觉。

4.1.1 分析主题

画面由元素构成，设计的第 1 步就是分析画面适合的元素。周年庆海报与节日主题不同，不需要堆砌热闹的元素，这张海报明确的目的是展现金属字和炫酷风格，故重点在于表现画面的质感。

1.提取关键词

画面需要围绕"5 周年庆典"展开，罗列联想到的关键词，不用太多，选取 4 个第一层级后进行延展，将关键词具象化。"周年"会联想到"时间"，"时间"的代表是"钟表"，"钟表"的重要部件是"齿轮"，联想到"庆典"会出现飘扬的旗帜和飘浮的气球等。最终提取出"数字5""钟表的齿轮""黄金质感的金属风格""旗帜和装饰球"这几个关键词，如图4-1所示。

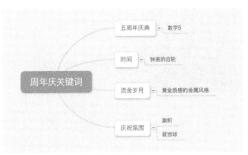

图4-1

2.收集参考图

根据关键词搜集相关图片作为样式参考，如图4-2所示。

图4-2

3.配色

庆典海报主要使用黄金质感的金属色，深色背景能更好地表现金属质感，因此设定整体为黑金配色。

4.1.2 构思草图

根据分析和已有元素构思草图，画面的重点是"数字5"，把它作为主体并放大；因为金属物体给人厚重的质感，所以金属字需要有厚度；为了集中视线，为数字5添加齿轮细节；背景使用旗帜和小球让画面更丰富、有层次，大致草图如图4-3所示。

图4-3

4.2 制作模型

本次制作模型的重点是多层次且立体地表现数字 5、制作细节装饰、模拟布料的应用要点与效果调节和使用克隆效果制作背景。先制作数字 5 的细节，然后制作飘扬的旗帜，再根据构图搭建场景和舞台，最后把整体组合在一起。

4.2.1 用Illustrator制作数字样条

本次介绍一种不使用预置字体制作立体字的方法，因为预置的字体有时不能达到理想的效果，所以需要单独勾画样条。读者可以用"画笔"工具在 Cinema 4D R20 中制作，也可以用其他软件制作后导入 Cinema 4D R20。本次选择在 Illustrator 中勾画路径，这个软件绘制矢量路径方便快捷，步骤如下。

01 打开 Illustrator，创建一个空白页面，在左边工具栏中选择"矩形工具"画出数字5的直线笔画，然后用"椭圆工具"画出下半部的圆环，设计一个粗壮的数字5，如图4-4所示。

图4-4

02 选中需要切去的部分和圆环，执行"窗口>路径查找器"命令，单击"减去顶层"按钮剪切不需要的部分，然后选中所有形状后，单击"联集"按钮，把所有形状合并为一个图形，如图4-5所示。

图4-5

03 使用"直接选择工具"调整图形转角处的圆点，使转角有一个弧度，对所有的转角都执行此操作，如图4-6所示。

图4-6

04 选中这个形状，单击常用工具栏中的"描边"按钮给数字5添加一个描边颜色，颜色随意，便于观察即可。执行"窗口>描边"命令，设置描边"粗细"为28pt，这个数值可根据绘制的形状自行调节，设置"端点"为"圆角"、"边角"为"圆角连接"、"对齐描边"为"使描边外侧对齐"，如图4-7所示。

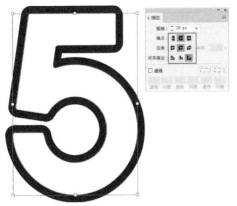

图4-7

05 选中图形，执行"对象>扩展"命令，在扩展面板中勾选"描边"复选框并单击"确定"按钮，即可把描边扩展为形状，如图4-8所示。单击常用工具栏的"填色"图标，修改填充状态为描边，得到两条数字5的路径，如图4-9所示。

图4-8

图4-9

06 Cinema 4D R20 对于 Illustrator 的文件兼容版本较低，执行"文件>存储"命令，设置存储格式为"AI"，"版本"为"Illustrator 8"，如图4-10所示。

图4-10

4.2.2 在Cinema 4D R20中导入与调整样条

需要把数字 5 的 AI 格式路径文件作为样条导入 Cinema 4D R20 中，在对象面板中执行"文件 > 合并对象"命令，如图 4-11 所示。

图4-11

在窗口中选择存储的 AI 文件，窗口再次弹出时保持默认设置，直接单击"确定"按钮，即可把 AI 路径导入 Cinema 4D R20 中，路径就变成了 Cinema 4D R20 的样条。此时需要调整样条线的位置，并让内外两条样条线独立。

01 让样条处于世界坐标的中心，在属性面板中的"坐标"选项卡中设置"P.X""P.Y""P.Z"数值都为0cm，如图4-12所示。

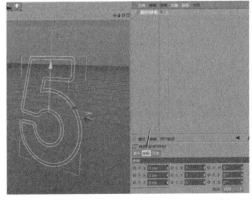

图4-12

02 分离两条路径。使用快捷键F4切换为正视图，单击层级选择栏的"点"图标 进入"点"层级模式，使用"实时选择"工具，按住Shift键逐个点选内部样条上所有的点，如图4-13所示。

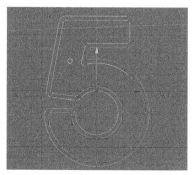

图4-13

03 在内部所有点都选中的状态下右击，在快捷菜单中执行"分裂"命令，如图4-14所示。复制一条样条，确认无误后按Delete键删除刚才选中的点，得到两条独立的样条，用"移动"工具查看前后样条的完整性，如图4-15所示。

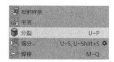

图4-14

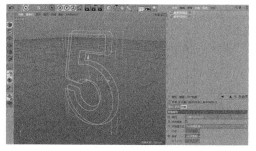

图4-15

> **提示**
>
> 如果分裂出的样条有变形或者断开的情况，就使用快捷键Ctrl+Z撤销一步，查看是否选中了所有的点。如果有一个点没有选中，样条就会发生变形，因此需要仔细检查，不能遗漏。

4.2.3 制作多层次的数字立体字

使用"挤压"和"扫描"等工具将两根样条变成立体模型，然后调整位置和尺寸，营造多层次的视觉效果，步骤如下。

01 在对象面板中框选两个样条对象，按住Alt键选择"挤压"生成器，如图4-16所示。使两根样条对象都位于"挤压"生成器的子级中，如图4-17所示。

图4-16

图4-17

02 再次框选两个"挤压"生成器，在"对象"选项卡中分别调整"移动"数值为0cm、0cm和14cm，增加样条在z轴方向的厚度，如图4-18所示。切换到"封顶"选项卡，修改"顶端"和"末端"类型都为"圆角封顶"，"步幅"都为1，"半径"为0.7cm，如图4-19所示。模型就有了一个轻微的倒角，效果如图4-20所示。

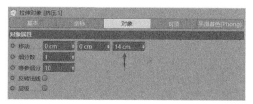

图4-18

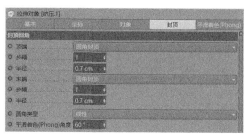

图4-19

图4-20

03 选择更大的数字5样条线，使用快捷键Ctrl+C和Ctrl+V复制一个，作为"扫描"生成器的路径。创建一个"矩形"样条，如图4-21所示。在属性面板中的"对象"选项卡中修改"宽度"为3.5cm、"高度"为1.5cm，勾选"圆角"复选框，修改"半径"为0.7cm、"平面"方向为"XY"，将这个矩形样条作为扫描的横截面，如图4-22所示。

图4-21

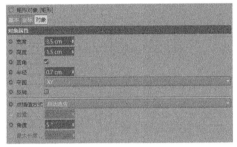

图4-22

04 创建"扫描"生成器，如图4-23所示。把"矩形"和"数字5样条2"都放在"扫描"生成器的子级中，调整样条线的 z 轴位置，放置在偏小的"挤压"生成器中间，即在"挤压"生成器四周添加了边框，如图4-24所示。

图4-23

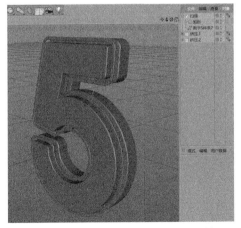

图4-24

05 选中"扫描"生成器，使用快捷键Ctrl+C和Ctrl+V复制一个，向前移动并错开位置。改变其中矩形的尺寸，修改"宽度"为1.5cm、"高度"为10cm，如图4-25所示。再次添加边框，到此数字模型就有了4层边框，模型变得丰富又立体，如图4-26所示。

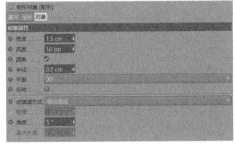

图4-25

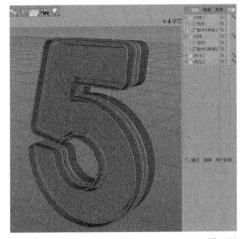

图4-26

提示

当几个模型重合在一起时，可以使用"移动"工具调整其中一个样条的 z 轴，让模型相互错开，营造出层次感。

4.2.4 制作装饰齿轮和圆环

接下来制作内部的齿轮和圆环等装饰部分。Cinema 4D R20 有很多预置的参数性样条，便于使用和编辑，其中的"齿轮"样条就可以应用到本次案例中。

01 使用快捷键Ctrl+N创建一个画布，长按常用工具栏的"画笔"图标 选择"齿轮"样条，如图4-27所示。视图中出现齿轮形状的样条，如图4-28所示。

图4-27

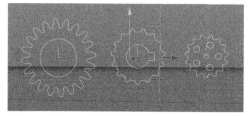

图4-28

02 可以通过移动样条线上黄色的控制点，或修改属性面板中的"齿"选项卡的数值来改变齿轮的尺寸。设置"类型"为"渐开线"、"齿"为15，具体数量可以自行调整，"根半径""附加半径""间距半径"可根据齿轮形状调节，其他参数用得不多，读者可以自己尝试调节，如图4-29所示。

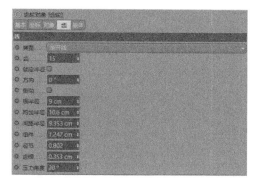

图4-29

03 控制中心孔洞的参数是在属性面板中的"嵌体"选项卡中，默认是"无"，也就是没有孔洞，设置"类型"为"孔洞"后就会出现相应参数。本案例中两个大齿轮只改变了中心尺寸，其他保持不

变；最小齿轮的"嵌体"类型选择了"孔洞"，设置"孔洞"数量为5、"半径"为1.5cm，如图4-30所示。孔洞的尺寸需要根据齿轮的半径设置，应优先考虑效果。

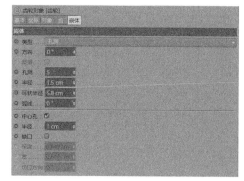

图4-30

04 需要把3个齿轮样条变成模型。选中3个齿轮，按住Alt键选择"挤压"生成器 ，给每个样条的父级都添加"挤压"生成器，为样条增加厚度。在对象面板中选中其中一个"挤压"生成器，打开"对象"选项卡，设置"移动"的数值分别为0cm、0cm和6cm，如图4-31所示。在"封顶"选项卡中修改"顶端""末端"都为"圆角封顶"、"步幅"都为1、"半径"都为0.1cm，给齿轮添加一个微弱的倒角，如图4-32所示。三个不同的齿轮模型如图4-33所示，读者可根据需要自行调整齿轮参数。

图4-31

图4-32

图4-33

05 给齿轮添加轴心，增加齿轮细节。长按常用工具栏中的"立方体"图标，创建"圆柱"对象，在"对象"选项卡中，修改"方向"为"+Z"，根据孔洞大小调整尺寸。在"封顶"选项卡中勾选"圆角"复选框，设置"分段"为1、"半径"为0.1cm，使用"移动"工具将轴心放置在齿轮中心，齿轮的中心细节完成效果如图4-34所示。

图4-34

06 继续添加圆环装饰。长按常用工具栏中"立方体"图标，创建一个"圆环"对象和两个"圆柱"对象，缩小圆柱尺寸放在圆环两侧当作卡扣，同样设置圆柱的圆角半径为0.1cm，效果如图4-35所示。

图4-35

4.2.5 装饰数字的细节

把装饰放置在数字模型上，多复制粘贴几次，调整位置，让整体细节丰富。

01 把每组齿轮使用快捷键Alt+G进行组合，然后使用快捷键Ctrl+C和Ctrl+V复制粘贴到数字5的模型上。使用"移动"工具调整位置，用"缩放"工具改变尺寸，将三组齿轮交错放置，如图4-36所示。齿轮不能占满或者太过密集，否则画面会显得沉重，还会加重后期渲染的负担。

图4-36

02 使用同样的方法复制粘贴圆环和卡扣组合并放置在模型上，使用"移动"工具和"旋转"工具调整位置，模型的正面和侧面都装饰圆环，使数字5的模型前后相连，如图4-37所示。

图4-37

03 为了丰富细节再添加一些按钮。创建两个大小不同的"圆柱"对象，小的圆柱在上、大的圆柱在下，进行重叠，然后当作小按钮放置在齿轮的空隙处，数量不宜太多，要给画面留有"呼吸"的空间。数字模型就完成了，整体非常漂亮，内部和侧面都有丰富的细节，如图4-38所示。

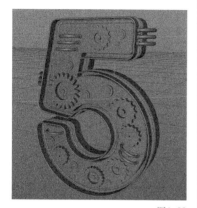

图4-38

4.2.6 制作旗帜

　　根据草图，数字后面会衬有一面旗帜，Cinema 4D R20中有模拟布料的功能，可以制作飘动的旗帜动画。给模型添加"布料"标签，根据动力学原理，在模拟的重力环境中让风吹动这块布料并播放动画，布料就会随风飘动，截取其中一个漂亮的静帧即可，具体方法如下。

01 使用快捷键Ctrl+N创建一个画布，创建一个"平面"对象作为旗帜，如图4-39所示。在"对象"选项卡中设置"宽度分段"为60、"高度分段"为60、"方向"为"+Z"，如图4-40所示。

图4-39

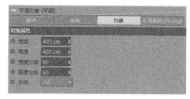

图4-40

02 如果"宽度分段"和"高度分段"出现不能立刻看到效果的情况，执行"显示>光影着色（线条）"命令，就可以看到平面上的分段线了，如图4-41所示。分段越多最终呈现的布料质感越柔软，但是计算量也会增加，读者可以根据自己的计算机配置酌情调整。

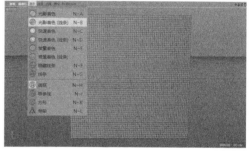

图4-41

03 旗帜的平面是参数化对象，故无法添加标签，使用快捷键C即可转化为可编辑模型。右击对象面板中的"平面"对象，执行"模拟标签>布料"命令，为"平面"对象加入"布料"标签，如图4-42所示。

图4-42

04 单击时间轴的"向前播放"按钮（快捷键F8）测试效果，如图4-43所示。时间轴开始播放，视图中布料会迅速地向下移动、消失，因为默认环境有重力，而布料没有固定点，所以受重力影响下坠。因此需要把这块布料绑在某个东西上，即添加"布料绑带"标签。

图4-43

05 单击"播放"按钮暂停，使用快捷键Shift+F回到时间轴第1帧，也可以在时间轴的播放图标上操作。创建一个"立方体"对象，在"对象"选项卡中设置"尺寸.X"为400cm、"尺寸.Y"为20cm、"尺寸.Z"为90cm，得到一个长条状立方体，如图4-44所示。使用快捷键C将其转换为可编辑对象，并用作捆绑布料的对象，放置在布料的上方，如图4-45所示。

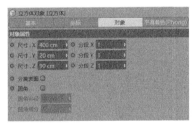

图4-44

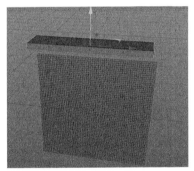

图4-45

06 选中布料，单击层级选择栏的"点"图标进入"点"层级，使用"实时选择"工具，选中布料第一排最左侧的3个点，之后在同一排每隔4个点就选中3个点，选出几组，如图4-46所示。保持点的选中状态，在对象面板中右击"平面"，在弹出的快捷菜单中执行"模拟标签>布料绑带"命令，如图4-47所示。单击新增的"布料绑带"图标，在属性面板中可以看到它的参数，将"固

定立方体"对象放入"绑定至"参数框，单击"设置"按钮，即可看到视图中出现黄色的连线，说明选中的点已经与立方体相连，如图4-48所示。

图4-46

图4-47

图4-48

07 此时使用快捷键F8播放动画，测试绑带效果。在视图中可以看到布料随着绑带摇摆却不够美观，再次使用快捷键F8停止动画，使用快捷键Shift+F归零时间轴，调整布料的参数。单击对象面板中的"布料"图标，在属性面板中的"影响"选项卡中，设置"重力"为0，并结合其他设置，让布料飘起来且出现褶皱；设置"风力方向.X"为3cm、让风向右吹，"风力方向.Y"为-3cm、让风向上吹，"风力方向.Z"为0、即z轴方向无风；设置"风力强度"为5、"风力湍流速度"为3，即不规则风力，如图4-49所示。风力对布料的影响很大，数值需要慢慢调整。

08 随时播放动画查看效果。当默认的90帧不能完整播放旗帜飘起的动画时，可以增加总帧数。在时间轴下方的尾端帧数文本框中输入"300F"，即增加为300帧，箭头也移动至满格300帧，如图4-50所示。

图4-49 图4-50

09 使用快捷键F8播放动画，即可看到布料非常漂亮地飘扬起来了，选择效果较好的一帧暂停，笔者选择了第206帧，如图4-51所示。右击对象面板中的布料平面，在快捷菜单中执行"当前状态转对象"命令，如图4-52所示，对象面板中可以看到布料平面下方出现了一个平面对象。

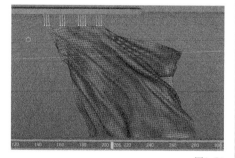

图4-51

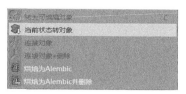

图4-52

10 删除对象面板中新"平面"后方的"布料"和"布料绑带"标签，然后使用"移动"工具把"平面"对象独立出来，此时就把第206帧保存为对象了，如图4-53所示。

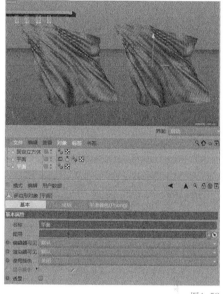

图4-53

11 选中转换后的布料"平面"，按住Alt键单击"细分曲面"图标，给布料平面增加"细分曲面"生成器，让模型的分段线成倍增加，模型变得更加光滑细腻。执行"显示>光影着色"命令，回到没有分段线的显示模式，旗帜就完成了，效果如图4-54所示。

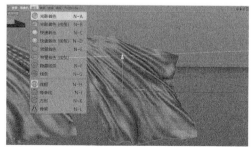

图4-54

提示

“细分曲面”生成器是建模中常用的工具，其属性分为“编辑器细分”和“渲染器细分”，即预览效果和最终渲染出图。通常保持默认即可，读者也可以根据需要更改数值，调整曲面效果。

4.2.7 背景和舞台

主体物完成了，还需要制作一个变化丰富又不抢眼的背景，就像奖杯需要放在展台上。摆放数字模型的展台用几个大小不同的“圆柱”搭建即可，用“克隆”工具快速搭建一个重复元素的背景，操作简单且效果理想，具体制作方法如下。

01 通常背景会被景深效果虚化，本次案例也有景深效果，背景选择分段数少、渲染速度快的模型即可。使用快捷键Ctrl+N创建一个画布，创建一个“立方体”对象，在“对象”选项卡中设置尺寸的3轴向尺寸都为70cm，勾选“圆角”复选框，设置“圆角半径”为3cm、“圆角细分”为1，如图4-55所示。

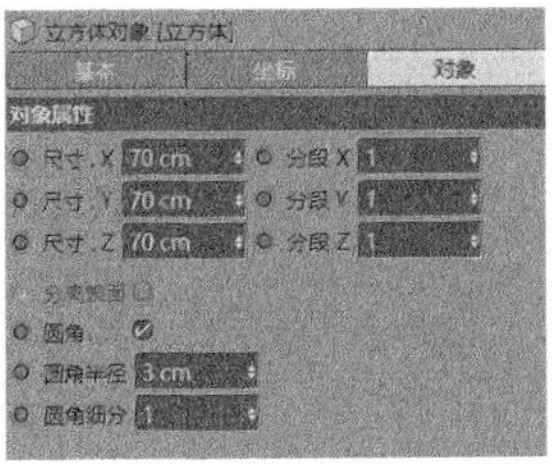

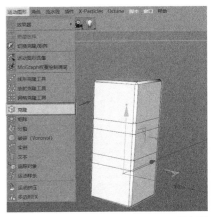

图4-55

02 选中“立方体”对象，按住Alt键执行“运动图形>克隆”命令，给“立方体”对象添加“克隆”工具，确保“立方体”对象置于“克隆”工具的子级中。视图中可以看到叠加的三个白色立方体，这是“克隆”工具默认的线性克隆效果，如图4-56所示。

03 选择克隆对象，在“对象”选项卡中设置“模式”为“蜂窝阵列”、“宽数量”为14、“高数量”为16；“宽尺寸”和“高尺寸”是立方体之间的间距，可以根据立方体的大小和画面的需要自行调整，如图4-57所示。得到一组蜂窝状排列的立方体，如图4-58所示。

图4-56

图4-57

图4-58

提示

“克隆”是常用工具之一，它的几个模式需要读者尽早熟悉，每个名称前面的图标能帮助读者大致了解工具呈现的效果，非常直观。

对象：是在一个模型对象的表面或者顶点等指定位置克隆。

线性：是按照直线的方式克隆。

放射：是按照放射的方式克隆。

网格排列：是按照网格的方式克隆。

蜂窝阵列：是按照蜂窝状的方式克隆。

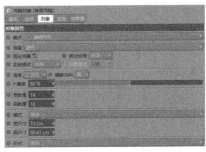

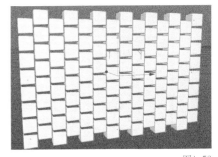

04 目前的排列方式太整齐，略显僵硬，可以给它添加随机效果，打破死板的布局。选中克隆对象，执行"运动图形>效果器>随机"命令，给克隆对象添加"随机"效果器，如图4-59所示。在"参数"选项卡中设置"P.X"为3cm、"P.Y"为1cm、"P.Z"为40cm，让立方体之间有轻微错位，勾选"缩放"和"等比缩放"复选框，设置"缩放"为0.09，丰富大小变化，如图4-60所示。简单又有变化的背景就完成了，效果如图4-61所示。

05 背景完成后，就可以搭建展架了。创建四个"圆柱"对象，调整它们的大小和位置，根据草图的设计放在背景前方。在"封顶"选项卡中勾选"圆角"复选框，设置"分段"为3、"半径"为1cm，使圆柱边缘有平滑的倒角，如图4-62所示。

图4-59

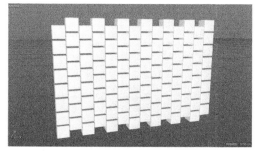

图4-60

图4-61

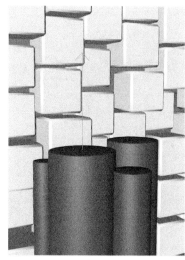

图4-62

4.3 场景与灯光

背景元素和主体物都完成后，就可以开始构建场景。本节把架设摄像机和添加灯光等步骤融入场景中，调整画面的同时调整光源和摄像机视角，展示不一样的构建顺序。

4.3.1 摄像机构图和设置画布尺寸

在搭建场景前确定海报的最终尺寸，如A4，设置画布尺寸和长宽比例能更好地构图。

01 选择数字5的模型文件，单击"编辑渲染设置"图标，在"渲染设置"窗口中单击进入"输出"通道，然后单击"预置"前方的小三角图标，设置海报尺寸为"A4"，"宽度""高度""分辨率"会自动填入默认数值，也可以自己手动填入，如图4-63所示。关闭"渲染设置"窗口，视图中已经显示出了画布的有效区域，黑色半透明遮罩后的部分不会被渲染，如图4-64所示。

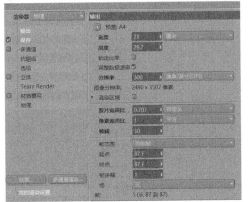

图4-63

图4-66

4.3.2 构建场景

把所有的模型零件组合起来，使用快捷键 Alt+G合成模型组再复制，避免遗漏。

01 复制展架,使用"移动"工具放置在数字下方,数字5需要放在最大的圆柱上,如图4-67所示。

图4-64

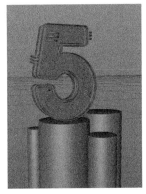

图4-67

02 按住Alt键的同时按住鼠标左键拖曳调整画面角度,用鼠标滚轮调整视图距离,把数字5放在画面中心,架设一台摄像机固定构图。单击"摄像机"对象 📷 ,在对象面板中单击"摄像机"对象后的黑色准星图标 🎯 ,进入摄像机视角。在"对象"选项卡中,修改"焦距"为"80肖像(80毫米)",如图4-65所示。再次用鼠标滚轮调整视图,使主体物位于画面的合适位置,如图4-66所示。

02 复制旗帜,放在数字5和展架的后方,旗帜的左侧边缘需要摆在画布外面,看起来更像飘动的旗帜,如图4-68所示。

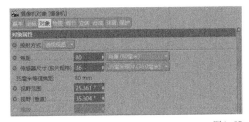

图4-65

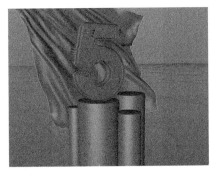

图4-68

03 把背景摆放在所有模型的后方以填满空隙，如果担心看到地面，可以添加一个"平面"对象衬在下方，如图4-69所示。

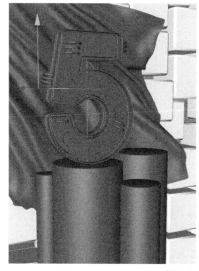

图4-69

04 用软件自带的文本制作"周年"两个字。执行"运动图形>文本"命令添加立体字，如图4-70所示。在"对象"选项卡的"文本"文本框中输入"周"字，设置"深度"为14cm，如图4-71所示。尺寸需要根据整体大小而定，读者可以使用"缩放"工具在视图中进行调整，这样能更直观地观察效果。在"封顶"选项卡中设置"顶端"和"末端"为"圆角封顶"、"步幅"都为3、"半径"都为1.6cm，给文字设置幅度较大的倒角，如图4-72所示。

图4-70   图4-71

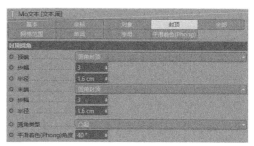

图4-72

05 在对象面板中复制"文本"，修改"文本"文本框中的文字为"年"，两个立体字就完成了。使用"移动"工具和"旋转"工具把两个立体字放在数字模型旁边的小圆柱上，如图4-73所示。注意前后关系，放大视图仔细检查模型之间是否贴合，缝隙会使渲染的结果有阴影。所有的模型都制作完成了，圆柱展台下方的空白留作后期文字排版，读者可根据草图自行调整，力求画面平衡、没有破绽。

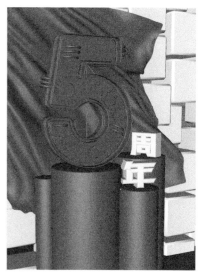

图4-73

4.3.3 添加场景

　　场景完成后就开始添加灯光，灯光需要综合考虑。本次案例选择"PBR 灯光"，它自带反光板效果，在金属材质上反射的效果很漂亮。布光方式使用万能的三点布光法，布置主体光一盏、辅助光一盏和轮廓光一盏。

01 长按常用工具栏的"灯光"图标，选择"PBR灯光"，如图4-74所示。PBR灯光预置了阴影效果等参数，不需再设置属性。

图4-74

02 在对象面板中右击"灯光"，在弹出的快捷菜单中执行"CINEMA 4D标签>目标"命令，如图4-75所示。添加"目标"标签。在"标签"选项卡中，将对象面板中的数字模型放入"目标对象"下拉列表框中，设置灯光照射的目标为数字5模型，如图4-76所示。此后，移动灯光可以不用考虑方向，灯光会一直照射主体物。使用"移动"工具把灯光放置在模型的左上方，作为主光源，如图4-77所示。

图4-75

图4-76

图4-77

03 场景的一半已经被照亮了，按住Ctrl键拖曳红色的 x 轴箭头，复制一盏灯，放在场景的右下方，照亮右边的部分，如图4-78所示。

图4-78

04 使用同样的方法，复制一盏灯放在靠后的位置，照亮模型的边缘，形成主体光、辅助光和轮廓光3盏灯光，如图4-79所示。

图4-79

4.4 创建材质

本节利用金属、发光和纹理等材质，讲解 Cinema 4D R20 版本新节点材质的调节方法。Cinema 4D 之前的版本用的是层级通道式材质球，虽然易上手，稍微学习就能做出不错的效果，但是缺点也很明显，即调节复杂效果时需要不断地切换材质通道，很多效果要深入多个层级调整。而目前流行的第三方渲染器大多是节点式操作，效率高、逻辑性强。笔者会带领读者熟悉节点界面、调节几个简单的节点材质，为学习复杂的材质调节打下基础。

4.4.1 金属材质

上一个案例学习了调节反射材质的默认材质球，本节将使用节点材质调节金属材质，即高反射材质。接下来先熟悉几个快捷键，方便操作。

- 鼠标中键：移动视窗。
- Alt+鼠标右键/滚轮：缩放视窗。
- S：以选取的节点为中心查看。
- H：查看所有节点。
- C：调出资源视窗。

01 在材质面板中执行"创建>新节点材质"命令，创建一个"节点"材质球，如图4-80所示。

图4-80

02 双击材质球打开"节点材质编辑器"窗口，从左到右分别是"节点"列表、"资源"视窗、"节点"材质主视窗及参数面板，如图4-81所示。

图4-81

03 主视窗中已经有两个节点，右边是最终形成的材质预览，后期添加的节点都需要连接到这里；左边的是默认连接好的Diffuse材质。每个窗口左边

是输入端口，右边是输出端口，"Diffuse.1"节点的绿色"结果"端口输出到最终"材质.1"节点的Diffuse的"BSDF层"端口，这就是节点的连接方式，如图4-82所示。

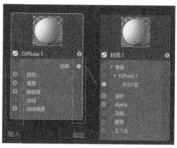

图4-82

04 选中Diffuse材质，在右边的参数面板中设置"BSDF类型"为"GGX"反射类型，金属材质都可选择此类型，如图4-83所示。设置"粗糙度"为20%、"菲涅尔"为"导体"，如图4-84所示。

图4-83

图4-84

05 在"资源"视窗中有超过150种预置的节点资源，读者可以在使用中慢慢熟悉。现在需要给金属材质添加浅黄色，做成黄金色的金属，在"资源"视窗的搜索文本框中输入"颜色"，立即出现与"颜色"相关的节点，将"颜色"分类中的"颜色"节点拖曳到主视窗中，如图4-85所示。然后右击"颜色.1"节点的黄色"结果"端口，连

接到"GGX.1"节点的"颜色"端口上,如图4-86所示。

图4-85

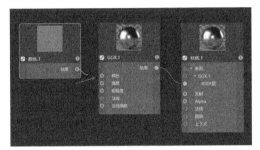

图4-86

提示

节点的设计很人性化,只有同色的端口才能相连,颜色不同就无法连接。读者可以大胆地尝试,别怕出错。

06 在参数面板中的"基本"选项卡中修改颜色参数,调试一个饱和度稍低的浅黄色,因为金属颜色不宜过分鲜艳,所以设置"H"为41°、"S"为50%、"V"为97%,完成黄金质感的金属节点材质,如图4-87所示。

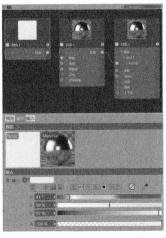

图4-87

4.4.2 发光材质和乌金材质

节点材质本质上与默认材质球的原理相似,只是表现方式不同,继续做几个不同的材质熟悉节点材质。根据画面,还需要一个发光材质、一个乌金材质和无反射的背景材质。

1.发光材质

在材质面板中执行"创建>新节点材质"命令,双击"节点"材质球打开"节点编辑器"窗口,单击"基本"选项卡中"添加"按钮后方的小三角,执行"表面>发射"命令,如图4-88所示。主视窗中增加了发光节点,发光材质完成效果如图4-89所示。

图4-88

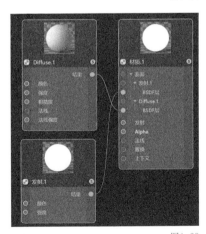

图4-89

2.乌金材质

复制前文的金属材质,双击进入"节点编辑器"窗口,删除"颜色"节点,在"基本"选项卡中修改"粗糙度"为34%、"菲涅尔"为"绝缘体"、"预设"为"油(植物)",如图4-90所示。

图4-90

3.无反射背景材质

创建节点材质，双击打开"节点编辑器"窗口，使用快捷键C调出"资源"视窗，输入"颜色"，拖曳"颜色"节点到主视窗中，将"颜色"的"结果"端口输出到"Diffues.1"节点的"颜色"端口，在属性面板中修改颜色数值"V"为5%，得到深黑色的无反射材质，如图4-91所示。

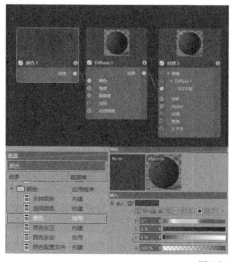

图4-91

4.4.3 纹理材质

为了强调氛围，在材质中加入金色的纹理，可以先制作背景透明的纹理材质，然后附着在底色材质上。

01 按住Ctrl键拖曳复制金属材质球，打开"节点编辑器"窗口，使用快捷键C调出"资源"视窗，搜索"图像"，拖曳"图像"节点到主视窗，如图4-92所示。

02 在属性面板中的"文件"下拉列表框中插入一张黑色背景的白色装饰点图片，如图4-93所示。这张图是在Photoshop中用纹理画笔描绘的，读者可以根据需要自行绘制黑白纹理。

图4-92

图4-93

03 把"图像"节点的"结果"端口输出到"材质.1"节点的"Alpha"透明度端口，如图4-94所示。

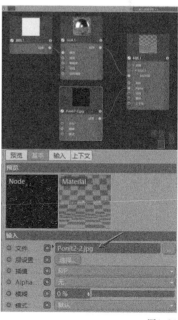

图4-94

04 完成散点纹理后，复制一个同样的材质球，把"图像"节点中的图片替换为黑底白线条图，如图4-95所示。得到两种纹理的金属材质球。

图4-95

4.4.4 为模型添加材质

案例的材质大致完成后，需要将材质赋予模型，先从面积占比较大的背景开始添加材质。

01 将无反射材质赋予地面和背景，如图4-96所示。

图4-96

02 把金属材质赋予数字5和文字"周""年"的模型，如图4-97所示。

03 将低反射的乌金材质赋予底座和旗帜，如图4-98所示。

图4-97　　　　　　　　　　　图4-98

04 添加细节材质，将发光材质赋予模型数字5的中间扫描夹层和装饰按钮的中心，逐个添加，如图4-99所示。

图4-99

05 把散点纹理放置在"底座"的材质旁边，给"底座"叠加纹理，如图4-100所示。先赋予乌金材质，然后添加纹理材质，顺序不可颠倒，两种材质才能正确呈现。单击"纹理"标签图标，在"标签"选项卡中，将"投射"方式改为"立方体"，如图4-101所示，效果如图4-102所示。

图4-100　　　　　　　　　　　图4-101

07 执行"运动图形>效果器>随机"命令，如图4-105所示。在"参数"选项卡中设置"P.X"为72cm、"P.Y"为127cm、"P.Z"为-5cm，勾选"缩放"和"等比缩放"复选框，设置"缩放"为0.65，如图4-106所示。具体参数可以根据画面效果自行调整，让小球悬浮在文字周围，使画面更丰富且具有动感，但模型之间不能穿插，如图4-107所示。

图4-102

06 用"克隆"工具制作围绕主体文字的悬浮装饰小球，创建一个"球体"对象，设置"半径"为9cm，赋予和文字相同的金属材质。选中球体，按住Alt键执行"运动图形>克隆"命令，如图4-103所示。在克隆对象属性面板中的"对象"选项卡中，修改"模式"为"网格排列"，"数量"为3、3和2，"尺寸"为102cm、97cm和47cm，如图4-104所示。

图4-105

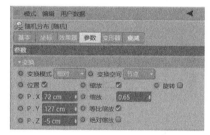

图4-106

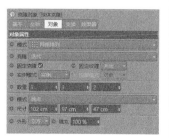

图4-103　　　　　　　　　　　图4-104

图4-107

4.5 渲染输出

本节将使用自带的"物理"渲染器进行渲染输出，重点学习这个渲染器的特点、使用方法和景深。

4.5.1 "物理"渲染器和景深

1.设置"物理"渲染器

单击"渲染设置"图标，打开"渲染设置"窗口，画面尺寸已经设置完成，只需将"渲染器"设置为"物理"渲染器，如图4-108所示。

图4-108

进入"物理"通道，勾选"景深"复选框，画面会配合摄像机形成景深效果。设置"采样器"为"递增"、"递增模式"为"通道数"，在"递增通道数"填入需要渲染的次数，预览时设置为几十次，可预览大概效果即可，最终渲染时可设置为几百次甚至更高，画面会随着数值增加而越来越精细，如图4-109所示。

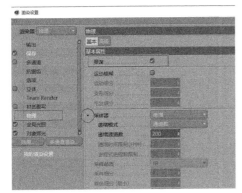

图4-109

> **提示**
>
> 如果不确定渲染次数，那么设置"物理"渲染器的"采样器"为"递增"，其他设置保持默认即可。此设置方法能让渲染器一直渲染，且效果越来越精细，达到理想的效果时读者可以手动停止渲染，这是常用的"物理"渲染器的设置方式之一。

2.景深设置

在"物理"渲染器中勾选"景深"复选框后，可以选择"摄像机"的焦点位置，在对象面板中选中"摄像机"，然后在"对象"选项卡中单击"目标距离"后的黑色箭头，如图4-110所示。此时鼠标指针在视图中呈十字标志，单击画面的主体数字5，即将画面的焦点位置设置为数字5，焦点之外的地方就会有虚化效果。切换到"物理"选项卡，修改"光圈"值为1，使景深能够显示，又不会特别模糊，景深的设置完成。

单击"渲染到图片查看器"图标，查看焦点位置、渲染通道数是否合适，如图4-111所示。

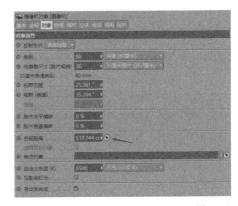

图4-110

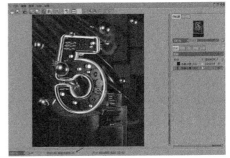

图4-111

4.5.2 全局光照

在"渲染设置"窗口单击"效果"按钮，选择"全局光照"，单击进入"全局光照"通道，设置"预设"为"室内 – 高品质（小型光源）"，此选项能较好地平衡效果和渲染时间，计算机配置较高的读者可以把"采样"设置为"高"，可以更好地降低画面噪点，如图 4-112 所示。

图4-112

4.5.3 输出格式

单击"渲染到图片查看器"图标■或者使用快捷键Shift+E打开"图片查看器"窗口，可以看到渲染器已经开始渲染了，等待的时间会根据计算机配置的不同而不同。当窗口中画面全部呈现出来、"历史"选项卡出现绿点时，表明渲染全部完成。如果前期没有设置存储位置，可以在渲染完成后手动保存，单击"图片查看器"左上方的"保存"图标，在"保存"通道中设置"格式"为"PNG"，即可保存图片，如图4-113所示。

图4-113

4.6 后期合成

渲染出图后一定要进行后期调色和排版，力求作品达到最好的效果。

4.6.1 Photoshop调色

01 使用Photoshop打开图片，在"图层"面板中右击图层，执行"转换为智能对象"命令，使后续步骤能对图片进行调整，如图4-114所示。

图4-114

02 执行"滤镜>Camera Raw 滤镜"命令，如图4-115所示，或者使用快捷键Shift+Ctrl+A打开"Camera Raw"窗口。

图4-115

03 在窗口中修改"色温"和"色调"，让画面偏暖一些；提高"曝光"和"清晰度"，改变画面偏灰的问题。注意曝光不宜太过，读者可根据需要自行调整，案例中调整数值参考如图4-116所示。

图4-116

4.6.2 合成海报

调整完成后画面的完整度就非常高了，加入相关文字和Logo进行排版，使画面内容更加完整，如图4-117所示。画面整体是暖金色调，加入的文字颜色不宜太鲜艳，以白色和画面已有的金色为主，可使整体色彩更加和谐统一。

图4-117

4.7 案例拓展

黑金配色是比较经典的配色，风格性较强。读者可以灵活运用将底色透明的纹理材质叠加到有色材质上的方法，创造多种多样的变化。也可以试着使用自己的配色临摹一个喜欢的场景。用布料可以做出许多漂亮的背景配饰，如窗帘和台布等，因为布料受重力下垂到地面上，所以可以给地面等物体添加"布料碰撞器"标签，使地面作为承接布料的平面，形成图4-118所示的下垂褶皱效果。

画面在后期调色时可以偏中性，也可以偏冷，从而形成不同的视觉效果，读者可以多次练习和尝试。

图4-118

第5章

制作一张霓虹灯效果的名片

本章学习要点

"扫描"生成器的多变化形式　　使用"样条约束"变形器

使用"新 Uber 材质"制作透明材质、发光材质和凹凸材质　　霓虹灯效果的特点

5.1 分析与构思

霓虹灯效果的应用非常广泛，在大型促销或节日时，电商页面和头图海报都能用到，此风格自带夜晚狂欢的气质，颜色对比强，可以做出高明度且高纯度的效果，非常吸引眼球。同时是 Cinema 4D R20 简单又易上手的效果之一，只需要透明材质和发光材质就能做出好看的霓虹灯效果。

本章带领大家使用霓虹灯效果制作一张二维码名片，可以作为名片背面，也可以作为公众号文章底部的签名，操作简单，效果鲜明，如图 5-1 所示。

图5-1

本案例画面较简单，故不需要构思草图，设计思路也很直接，只需要包含元素"GO"和二维码，效果表现为霓虹灯。

霓虹灯就需要灯管和灯座，若追求写实效果，则还需要添加电线和卡扣等细节。精致细腻的画面更耐看，能更好地表达简约而不简单的效果。画面还需要注意光影效果，整体环境偏暗才能衬托光的存在。背景模拟纸片效果，硬朗的金属灯座和脆弱的纸片形成材质的强烈反差，暗色的背景和闪亮的灯光形成明暗反差，使画面对比明显而精致。

如果只制作一层霓虹灯，即只有发光材质，会让画面略显单调。若先制作玻璃材质，然后在内部添加发光材质，则会让光感更加丰富。卡扣和电线等元素都是展现写实效果非常重要的道具，不能省略，背景也需要搭配写实元素，让画面和谐统一。

"辉光"效果在"物理"渲染器中可能不够明显，需要后期在 Photoshop 中增加灯光的朦胧感。注意在设计过程中不能忽略后期的作用，前后期效果对比如图 5-2 所示。

图5-2

5.2 制作模型

本案例制作模型的重点是绘制样条，有了完整的样条线就可以扫描不同大小的圆环，得到不同尺寸的管道，形成灯管、灯座和灯芯搭配的效果。

样条线可以使用 Adobe Illustrator 绘制后导入，也可以直接在 Cinema 4D R20 中绘制。本案例使用 Cinema 4D R20 的"画笔"工具绘制样条。

5.2.1 绘制样条

灯管的形状是"G"和"O"两个字母，故先勾画直线和直角，然后修改直角为圆角，步骤如下。

01 创建一个画布，使用快捷键F4切换为正视图并开始绘制，确保样条保持在同一平面上。单击"画笔"图标 ✐，在正视图的网格上画出字母G，如图5-3所示，借助网格做到横平竖直，确保灯管流畅且漂亮。终点与线条间需要保持距离，不能太接近，后期需要制作灯光的厚度。

图5-3

02 用同样的方法在字母G旁边画一个尺寸相当的字母O，使画面平衡和谐，两个字母间隔适当距离，不宜太近，如图5-4所示。

图5-4

03 单击层级选择栏的"点" ■切换为"点"层级，使用"实时选择"工具 ▣，并按住Shift键选中所有转角的点，然后右击空白处打开快捷菜单，执行"倒角"命令，如图5-5所示。

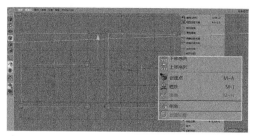

图5-5

04 在视图中移动鼠标指针，或在"倒角"通道中设置"半径"为75cm，单击"应用"按钮，在视图中可以看到倒角已经应用在样条上了，完成元素"GO"的样条线制作，如图5-6所示。

图5-6

> **提示**
>
> 1. 制作倒角时，拖曳鼠标调整大小只能一次成形，再次拖曳就会出错。
>
> 2. 勾选属性面板中的"实时更新"复选框，每次修改"半径"数值后，视图中的倒角会同步发生变化。

5.2.2 制作灯管和背景

有很多方法可以把样条线做成模型，本次使用"扫描"生成器，把圆形的样条按照 GO 样条进行扫描，得到管道模型。

01 长按常用工具栏的"画笔"图标 ✐，选择"圆环"样条，如图5-7所示。在"对象"选项卡中修改"半径"为45cm，如图5-8所示。

图5-7

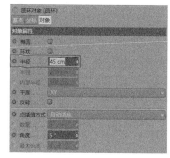

图5-8

02 长按常用工具栏的"细分曲面"图标 ，选择"扫描"，如图5-9所示。在对象面板中把"圆环"和"G倒角"样条放置在"扫描"生成器的子级中，"圆环"在上，"G倒角"在下，如图5-10所示。

图5-9

图5-10

03 复制一个"扫描"生成器，用"O倒角"样条替换"G倒角"样条，得到两个字母的扫描模型，如图5-11所示。

图5-11

04 扫描后的字母G首尾两端棱角分明，不够圆滑。在对象面板中选中"扫描"对象，然后在"封顶"选项卡中勾选"约束"复选框，使封顶不影响管道粗细，修改"顶端"和"末端"类型为"圆角封顶"，设置"步幅"都为5、"半径"都为42cm，如图5-12所示。具体数值需要观察视图中首尾的变化而确定，数值太大会有破面，太小就没有圆滑的端点，最终效果如图5-13所示。

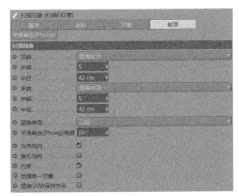

图5-12

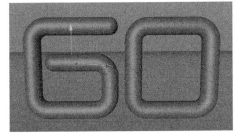

图5-13

05 创建一个"平面"对象作为背景，在"对象"选项卡中修改"宽度"为2000cm、"高度"为1000cm、"方向"为"+Z"，让背景平面足够大，如图5-14所示。使用"移动"工具  把"平面"放在字母GO的后方居中位置，如图5-15所示。模型不能重叠，需要留有空隙才能制造好看的阴影。

图5-14

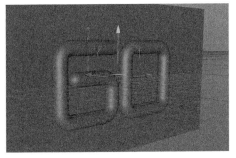

图5-15

5.2.3 制作灯座

有了GO的灯管模型，制作灯座和灯芯就很容易了：灯座是增加半径，使其包住灯管；灯芯是缩小半径，使其包含在灯管内部。

01 在对象面板中选中G灯管和O灯管的"扫描"对象，使用快捷键Ctrl+C和Ctrl+V复制一组作为灯座，双击修改文件命名避免混乱，然后双击灯管组"查看"栏上方的圆点按钮，使其变成红色即可隐藏物体，如图5-16所示。

图5-16

02 选中两个灯座的"圆环"对象，在"对象"选项卡中修改"半径"为46cm，增加"扫描"对象的半径，如图5-17所示。

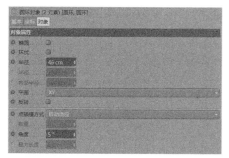

图5-17

03 选中"扫描G灯座"对象，在"对象"选项卡中设置"开始生长"为34%、"结束生长"为100%，使灯座在34%的位置开始扫描，如图5-18所示。观察视图发现截面的顶端偏圆，故切换到"封顶"选项卡，修改"顶端"的"步幅"为3、"半径"为2cm，让截面位置更平坦，如图5-19所示。

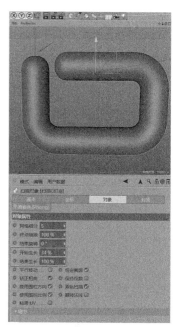

图5-18

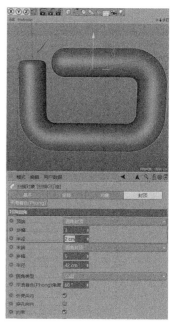

图5-19

04 用同样的方法修改"扫描O灯座"对象，在"对象"选项卡中设置"开始生长"为0%、"结束生长"为48%，使O灯座的开口向下，与G灯座形成反差，如图5-20所示。在"封顶"选项卡中修改"顶端"和"末端"的"步幅"为3、"半径"为2cm，让上下两端更平坦，如图5-21所示。灯座完成效果如图5-22所示。

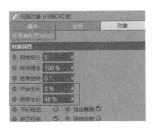

图5-20

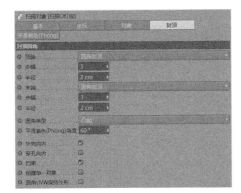

图5-21

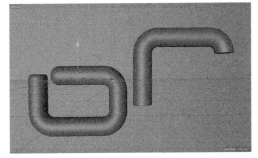

图5-22

5.2.4 制作灯芯

灯芯分为直管灯芯和围绕直管的灯丝两个部分，直管灯芯只需要将灯管模型变细，灯丝则需要更复杂的环绕形样条。

1.直管灯芯

01 在对象面板中隐藏灯座的两个对象，选中G灯管和O灯管的"扫描"对象，使用快捷键Ctrl+C和Ctrl+V复制一组作为灯芯，双击修改文件命名，

如图5-23所示。由于灯管组被隐藏，因此单击复制两组的红点来取消隐藏，视图中会显示新的GO灯管的"扫描"对象。

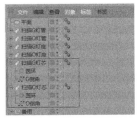

图5-23

02 选择两个"扫描"对象中的"圆环"对象，在"对象"选项卡中修改"半径"为5cm，使"扫描"对象的半径变细，但视图中会看到G的两端出现破面，如图5-24所示。

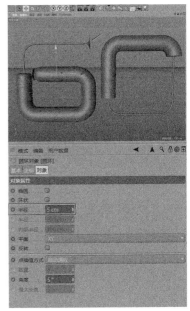

图5-24

03 处理破面问题也不难，选中"扫描G灯芯"对象，在"封顶"选项卡中修改"顶端"和"末端"的"步幅"都为5、"半径"都为5cm，使两端更圆滑，如图5-25所示。切换到"对象"选项卡，修改"开始生长"为2%，让灯芯比灯管更短，如图5-26所示。在视图中观察灯芯的模型，如图5-27所示。

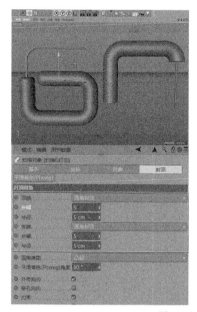

图5-25

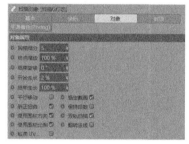

图5-26

图5-27

2.环绕灯丝

先制作螺旋状的细灯丝，然后让灯丝围绕在直管灯芯上。

01 长按常用工具栏的"画笔"图标，单击"螺旋"并创建"螺旋"样条线，如图5-28所示。设置样条线属性，在"对象"选项卡中设置"起始半径"和"终点半径"为20cm，此数值决定螺旋线的粗细，设置"结束角度"为5720°、"高度"

为1600cm，这两个数值决定螺旋线的长度和卷曲程度，修改"平面"为"XZ"，让螺旋线立起来，如图5-29所示。使用"移动"工具把样条线放置在画面和背景的旁边，如图5-30所示。

图5-28

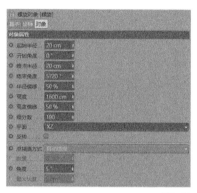

图5-29

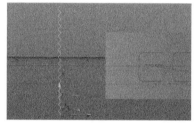

图5-30

02 长按常用工具栏的"画笔"图标，单击"圆环"并创建一根较小的"圆环"样条，在"对象"选项卡中设置"半径"为2cm。长按常用工具栏的"细分曲面"图标，创建"扫描"生成器，如图5-31所示。在对象面板中移动"圆环"和"螺旋"样条到"扫描"生成器的子级中，"圆环"在上，"螺旋"在下，得到一个较细的螺旋状模型，如图5-32所示。

图5-31

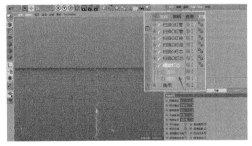

图5-32

03 长按常用工具栏的"扭曲"图标🔧，单击并创建"样条约束"变形器，用这个变形将螺旋线缠绕在直管灯芯上，如图5-33所示。长按常用工具栏中的"立方体"图标🔳，选择"空白"，如图5-34所示。

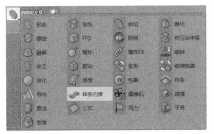

图5-33

图5-34

04 在对象面板中移动"样条约束"和"螺旋灯芯"组到"空白"组中，如图5-35所示。选中"样条约束"变形器，在其"对象"选项卡的"样条"下拉列表框中放入"G倒角"，修改"轴向"为+Y、"起点"为2%，在视图中可以看到螺旋线缠绕在G灯芯上，如图5-36所示。

图5-35

图5-36

05 在对象面板中双击以重命名空白组，如图5-37所示，使用快捷键Ctrl+C和Ctrl+V复制一组，作为第二根灯丝。观察到两根灯芯相互重叠，在对象面板中复制第二个"样条约束"变形器，在其"对象"选项卡中展开"旋转"卷展栏，向上移动"旋转"曲线的两端，视图中第二根灯丝与第一根的位置已经错开，如图5-38所示。

图5-37

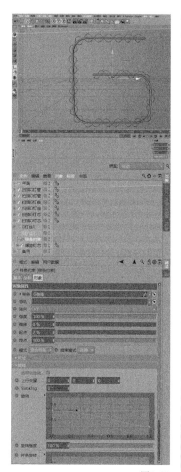

图5-38

06 创建一个"球体"对象，把两根灯丝连接起来，遮盖两根灯丝的顶端，如图5-39所示。

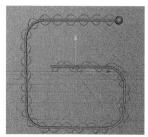

图5-39

07 用同样的方法，在对象面板中使用快捷键Ctrl+C和Ctrl+V复制G灯丝的两组对象，双击重命名为"O灯丝1""O灯丝2"，避免混淆。在对象面板中选中"样条约束"变形器，将属性面板中的"样条"换成"O倒角"，然后修改"起点"为0%，视图中可以看到灯丝缠绕在O灯芯上，如图5-40所示。

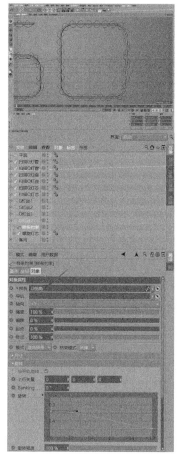

图5-40

5-40所示。

> **提示**
>
> 使用"样条约束"时轴向很重要，所以应观察被约束对象的走向，例如，本章的螺旋线是y轴方向，"样条约束"的正确属性也应该是y轴方向，如果样条约束的形状不对，可以尝试改变轴向。

5.2.5 制作卡扣和电线

为了方便观察，在对象面板中单击红色圆点使其变灰，显示灯管的主体部分，如图5-41所示。在对象面板中选中两个灯管，在"基本"选项卡中勾选"透显"复选框，即可模拟玻璃灯管的效果。为了体现作品的真实感，笔者参考了许多灯管的图片，认为还需要增加作品细节。灯管不能直接摆放在画面中，它需要固定和供电，所以接下来制作卡扣和电线。

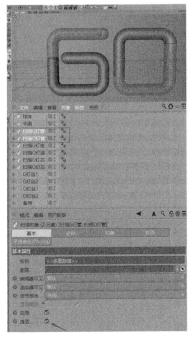

图5-41

1.卡扣

01 创建一个"圆环"对象,在"对象"选项卡中设置"圆环半径"为48cm、"圆环分段"为72,使圆环更平滑,修改"导管半径"为3cm、"导管分段"为18、"方向"为"+Y",如图5-42所示。

图5-42

02 使用"移动"工具将"圆环"对象放置在灯管上,作为卡扣套住灯管,如图5-43所示。

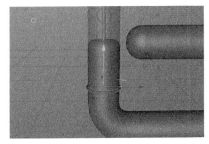

图5-43

03 复制这个"圆环"对象,放置在灯管的各个方向,不同方向的圆环可以旋转90°,也可修改属性参数"方向"为"+X"。圆环需要套住灯管,模型之间不能穿插,效果如图5-44所示。

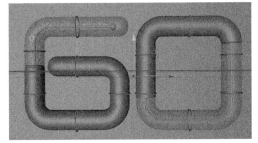

图5-44

2.电线

01 启用"草绘"画笔,如图5-45所示。使用鼠标或者触控笔在视图中画几条类似电线的样条,如图5-46所示。

图5-45

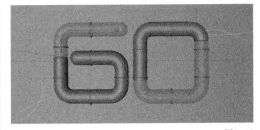

图5-46

02 创建一个"圆环"样条 ◎,在"对象"选项卡中设置"半径"为3cm,如图5-47所示。

图5-47

03 创建"扫描"生成器 。在对象面板中将"圆环"样条和电线"样条"放入"扫描"生成器的子级，"圆环"在上，"样条"在下，如图5-48所示。

图5-48

5.2.6 制作二维码按钮

二维码需要做成一个按钮，因为二维码图片是正方形的，所以创建两个立方体，一个作为按钮，另一个作为按钮的基座。

01 创建"立方体"对象，在"对象"选项卡中设置"尺寸.X""尺寸.Y""尺寸.Z"都为192cm，勾选"圆角"复选框，设置"圆角半径"为2cm、"圆角细分"为3，使边缘更光滑，如图5-49所示。

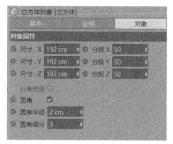

图5-49

02 继续创建"立方体.1"对象，在"对象"选项卡中设置"尺寸.X""尺寸.Y""尺寸.Z"都为235cm，勾选"圆角"复选框，设置"圆角半径"为20cm、"圆角细分"为10，形成一个较大倒角的边缘，如图5-50所示。

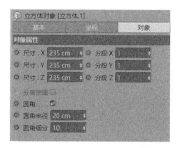

图5-50

03 使用"移动"工具把两个立方体放置在O型灯管的中心，大的立方体嵌入背景平面，小的立方体凸出来，总体构成按钮状，立方体上的二维码可以利用贴图完成，如图5-51所示。所有模型都制作完成了。

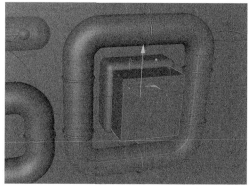

图5-51

5.3 场景与灯光

背景元素和主体物都创建完成了，下面开始构建场景。本节会把架设摄像机和添加灯光等步骤融进场景构建中，调整画面的同时调整光源和摄像机视角。

5.3.1 摄像机构图和设置画布尺寸

印刷和公众号文章使用的名片尺寸与分辨率不同，所以设置好画布尺寸才能更好地构图。

01 单击"编辑渲染设置"图标，打开"渲染设置"窗口，单击并进入"输出"通道，设置"宽度"为"1920像素"、"高度"为"1200像素"、"分辨率"为"72像素/英寸（DPI）"，如图5-52所示。

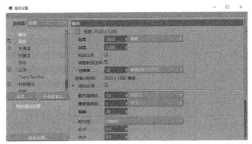

图5-52

02 回到视图画面，按住Alt键拖曳鼠标调整画面角度，用鼠标滚轮调整距离，把主体灯管和背景放在合适的角度后，架设一台摄像机固定构图。单击"摄像机"对象，单击对象面板中"摄像机"对象后面的黑色准星图标，进入摄像机视角。在"对象"选项卡中设置"焦距"为"80肖像（80毫米）"，如图5-53所示。

图5-53

03 再次使用鼠标滚轮缩放视图，使主体位于画面

合适的位置，构图就固定完成了，如图5-54所示。如果担心画面移动，可以给摄像机添加一个"保护"标签。

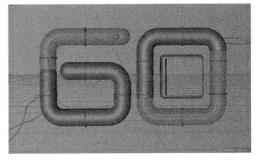

图5-54

5.3.2 给场景布光

建模时已经完成了场景制作，接下来需要综合考虑设置灯光。本案例是自带发光的灯管，需要在光线偏暗的环境中才能更好地呈现效果，所以居中构图的场景添加一盏顶光即可。而灯座使用金属材质，需要有环境反射才能表现出质感，因此外部环境除去灯光还需要布置HDR环境。

01 长按常用工具栏的"灯泡"图标，单击并创建"PBR灯光"，如图5-55所示。"PBR灯光"会预置阴影效果等参数，不需要进行修改。

图5-55

02 长按常用工具栏的"立方体"图标，单击并创建"空白"组作为目标对象，便于调整灯光

的方向。在对象面板中右击"灯光"，在弹出的快捷菜单中执行"CINEMA 4D标签>目标"命令，添加"目标"标签，如图5-56所示。在"标签"选项卡的"目标对象"下拉列表框中，放入创建的"空白"组"目标.1"，设置灯光照射的目标为"空白"组，如图5-57所示。

图5-56

图5-57

03 使用"移动"工具把作为目标的空白对象放置在灯管G和灯管O的中间，把"PBR灯光"放置在主体上方作为光源，然后将灯光大小调整为细长条状，能够微微照亮场景即可，如图5-58所示。

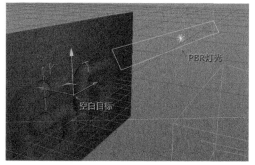

图5-58

04 添加HDR环境。长按常用工具栏的"地面"图标，单击并创建一个"天空"材质球，如图5-59所示。

图5-59

05 双击材质面板中的空白处，创建一个基础材质球，如图5-60所示。然后双击材质球打开"材质编辑器"窗口，取消勾选"颜色"和"反射"通道，只勾选"发光"通道，单击并进入"发光"通道，如图5-61所示，单击"纹理"后的小三角，选择"加载图像"，载入一张有多点光源以便反射的HDR文件，如图5-62所示。把这个材质球赋予"天空"对象，完成HDR环境的添加。目前效果还不太明显，添加反射材质后效果就会突出了。

图5-60

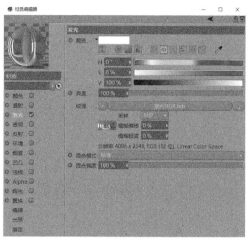

图5-61

图5-62

上一章学习了比较复杂且逻辑性很强的节点材质，但 Cinema 4D 还在不断更新迭代，为了降低学习成本，本节将学习使用"新 Uber 材质"。"新 Uber 材质"可以看作是通道模式的节点材质，笔者将通过制作透明材质、发光材质和金属材质，讲述"新 Uber 材质"的调节方法。

5.4.1 透明材质

在 Cinema 4D R20 中制作透明材质较简单，只需确定折射率的数值就能得到很好的效果。

01 在材质面板中执行"创建>新Uber材质"命令，创建一个新Uber材质球，如图5-63所示。

图5-63

02 双击材质球打开"材质编辑器"窗口，取消勾选默认通道，只勾选"透明"通道，可以直观地看到材质变得透明。单击并进入"透明"通道，"预设"中有许多选项，这些选项从上到下折射率逐渐增加，普通的透明材质选择"玻璃"即可。对于本案例使用的霓虹灯效果，则需要调整一些细节，才能得到更好的质感。设置"预设"为"翡翠"、"IOR"（即折射率）为1.61、"模糊"为10%，如图5-64所示，使玻璃内部透出的光能更好地模拟光晕效果。

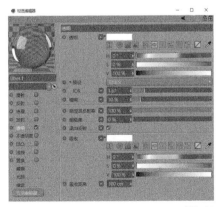

图5-64

03 勾选"漫射"通道，该通道可以设置材质固有色，让材质有颜色倾向。此处选择偏冷且饱和度较低的淡青色，除非需要特殊效果，否则艳丽的颜色会影响玻璃的质感，设置"颜色"数值"H"为173°、"S"为31%、"V"为70%，如图5-65所示。

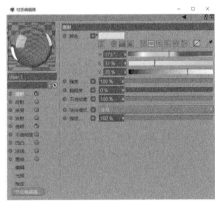

图5-65

04 玻璃也有反射属性，需要勾选"反射"通道，设置"BSDF类型"为"GGX"、"菲涅尔模式"为"导体"，如图5-66所示。为了增加质感，勾选"涂层"通道，霓虹灯的玻璃材质就完成了，如图5-67所示。

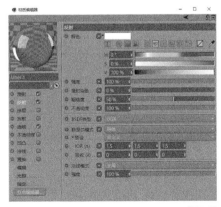

图5-66

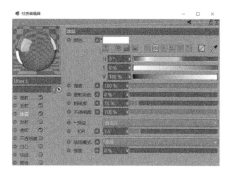

图5-67

5.4.2 带颜色的发光材质

霓虹灯需要两个发光材质，一个是偏强的直管灯芯发光材质，另一个是偏弱的缠绕灯丝发光材质，这两个材质需要发出不同颜色的光，以区分灯芯和灯丝。

01 双击创建一个基础材质球，打开"材质编辑器"窗口，取消勾选默认通道，只勾选"发光"通道，设置"发光"通道的"颜色"为淡黄色、"亮度"为300%，加强材质亮度，如图5-68所示。

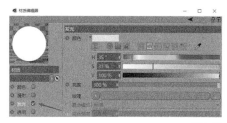

图5-68

02 进入"辉光"通道，取消勾选"材质颜色"复选框，设置"颜色"的数值"H"为27°、"S"为59%、"V"为100%，"内部强度"为100%、"外部强度"为400%、"半径"为15cm，如图5-69所示。

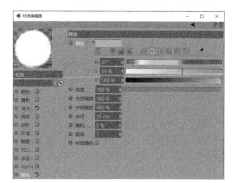

图5-69

03 复制材质面板中的发光材质球，设置新材质球为更明显的颜色，在"发光"通道修改"颜色"数值"H"为33°、"S"为86%、"V"为100%，如图5-70所示。

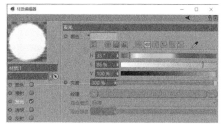

图5-70

04 修改"辉光"通道的"颜色"数值"H"为20°、"S"为49%、"V"为100%，"内部强度"和"外部强度"都为300%，完成第二个发光材质球，如图5-71所示。

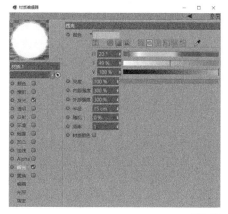

图5-71

5.4.3 金属材质

本小节将制作反射较强的金属材质，作为灯座的材质。

01 在材质面板中执行"创建>新Uber材质"命令，创建一个新的Uber材质球并打开"材质编辑器"窗口，取消勾选"漫射"通道，只勾选"反射"通道。在"反射"通道设置"BSDF类型"为"GGX"、"菲涅尔模式"为"导体"、"预设"为"银"，增加亮度，设置"粗糙度"为25%、"颜色"为浅蓝色，数值"H"为205°、"S"为73%、"V"为30%，如图5-72所示。

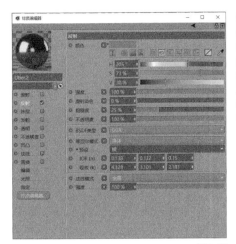

图5-72

02 勾选"涂层"通道，设置"粗糙度"为15%，如图5-73所示。

图5-73

03 卡扣金属环的材质与灯管不同。复制一个反射材质，在"反射"通道中修改"颜色"为白色、"预设"为"钢"，如图5-74所示。在"涂层"通道中修改"粗糙度"为10%，完成卡扣的金属材质，如图5-75所示。

图5-74

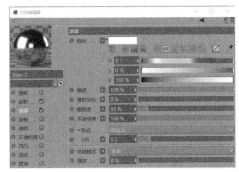

图5-75

5.4.4 漫射材质

01 背景所用的蓝色和绿色都是无反射的漫射材质，设置相对简单。创建一个新的Uber材质球，打开"材质编辑器"窗口，只勾选"漫射"通道，设置"颜色"的数值"H"为210°、"S"为76%、"V"为13%，如图5-76所示。

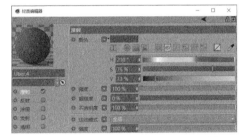

图5-76

02 复制蓝色漫射材质球，在"漫射"通道中修改"颜色"为绿色，设置数值"H"为173°，其他设置不变，如图5-77所示。

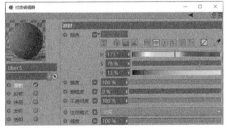

图5-77

03 电线的材质需要较深的颜色，复制蓝色漫射材质球，在"漫射"通道修改"颜色"为蓝色，设置数值"V"为3%，其他设置不变，如图5-78所示。

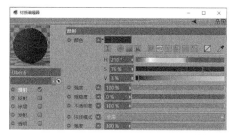

图5-78

5.4.5 凹凸纹理

二维码按钮需要贴图材质，单纯的贴图材质细节不到位，若让二维码根据画面起伏，效果会更精致。制作凹凸纹理，突出的地方做成镂空状，步骤如下。

01 创建一个新的Uber材质球，在"漫射"通道修改"颜色"为荧光蓝色，设置数值"H"为173°、"S"为76、"V"为100%，如图5-79所示。

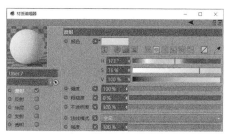

图5-79

02 进入"反射"通道，设置"BSDF类型"为"GGX"、"菲涅尔模式"为"绝缘体"，如图5-80所示。

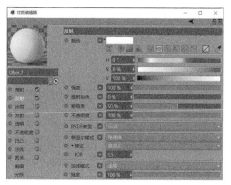

图5-80

03 进入"不透明度"通道，单击"数值"后方的圆点按钮，选择"载入纹理"选项，如图5-81所示。加载一张二维码图片，图片为正方形，尺寸不宜太小，否则容易出现锯齿。加载后可以看到材质有镂空效果，如图5-82所示。是因为软件会根据载入图片的颜色，保留黑色部分，让白色部分变得透明。

图5-81

图5-82

04 复制背景的蓝色漫射材质球制作凹凸纹理，颜色数值如图5-83所示。勾选"凹凸"通道，单击"数值"后方的圆点按钮，选择"载入纹理"选项，如图5-84所示。加载同样的二维码图片，预览图已经出现二维码的凹凸效果，如图5-85所示。此处的原理是根据加载的图片，黑色部分凸出，白色部分凹陷。

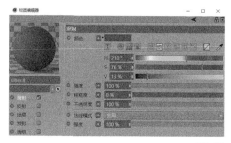

图5-83

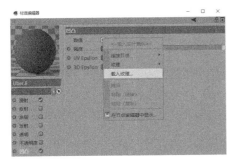

图5-84

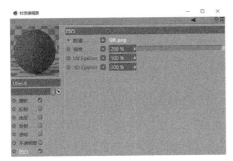

图5-85

5.4.6 为模型添加材质

本次案例所需材质已经基本完成，接下来给模型添加材质。灯管中有包含对象，需要随时在对象面板中隐藏和显示物体，避免遗漏，以最终效果为准。

01 给主体灯管添加材质，此时就体现了在对象面板中分组命名的好处，可以直接将材质拖曳到对象面板中相应的对象上。灯管是透明材质，灯座是蓝色的金属材质，灯芯是淡黄色的发光材质，灯丝是深黄色的发光材质，卡扣是无色的金属材质，电线是深蓝色的漫射材质，如图5-86所示。

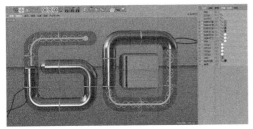

图5-86

提示

模型制作过程中及时命名很重要，无论是添加材质还是查找或者更改模型都非常方便，读者可以根据材质的作用命名，如"透明灯管"和"金属灯座"等。

02 给背景添加蓝色漫射材质，然后复制两个"平面"并沿 x 轴正方向移动，使用"旋转"工具改变角度，并赋予绿色漫射材质，使背景有变化、不单调，如图5-87所示。

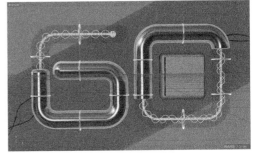

图5-87

03 给二维码按钮赋予材质，底座和背景同为蓝色漫射材质，拖曳材质到物体上即可。然后将蓝色凹凸纹理材质赋予凸出的立方体，如图5-88所示。把荧光蓝色的镂空材质也赋予凸出的立方体，如图5-89所示。顺序不能颠倒，镂空材质在上，才能显露出下方的深色材质。

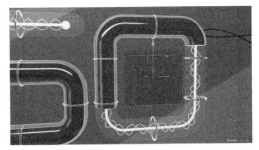

图5-88

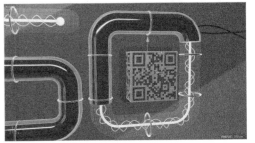

图5-89

04 整体材质完成效果如图5-90所示。检查有无遗漏，及时调整，并将画面中相同的元素合成模型组，便于后期操作。

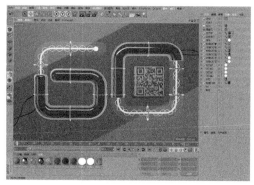

图5-90

5.5 渲染输出

依旧使用软件自带的"物理"渲染器进行渲染输出，这个渲染器渲染金属材质的效果非常逼真，只要设置的渲染时间充足，就可以达到非常精细的效果。

5.5.1 "物理"渲染器

单击"渲染设置"图标，打开"渲染设置"窗口，前文已经设置过画面尺寸，此处直接选择"物理"渲染器即可，如图5-91所示。

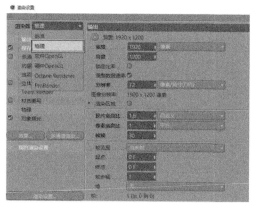

图5-91

单击打开"物理"通道，设置"采样器"为"递增"、"递增模式"为"通道数"，在"递增通道数"中填入需要渲染的次数，预览时填入50

左右观察效果即可，最终渲染时输入400，即可实现案例所需的精细画面，如图5-92所示。

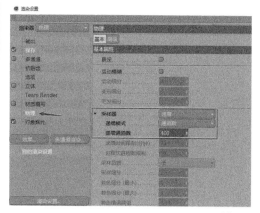

图5-92

5.5.2 输出格式

回到软件界面先观察效果，待灯光调试完成后，单击"渲染到图片查看器"图标或者使用快捷键Shift+E打开"图片查看器"窗口，可以看到渲染器已经开始渲染了。为了消除噪点，通常有透明材质的作品渲染时间会较长。耐心等待一段时间，当"历史"选项卡出现绿点时，即表明渲染全部完成，如图5-93所示。单击"图片查看器"窗口左上方的"保存"图标，在"保存"通道中修改"格式"为"PNG"，即可保存图片。

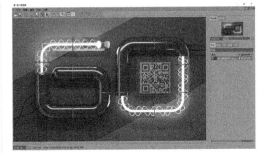

图5-93

5.6 后期合成

渲染出图后一定要进行后期调色和排版，力求作品达到较好的效果。

5.6.1 Photoshop调色

01 使用Photoshop打开图片，在图层面板中右击图层，执行"转换为智能对象"命令，使后续步骤能对图片进行改变，如图5-94所示。

图5-94

02 执行"滤镜>Camera Raw 滤镜"命令，如图5-95所示，或者使用快捷键Shift+Ctrl+A打开"Camera Raw 滤镜"窗口。

图5-95

03 在窗口中设置"色温"为-8、"色调"为+24、"曝光"为+0.05、"清晰度"为+14，让画面整体偏冷，同时改善画面偏灰的情况，但曝光不宜太过，需要根据画面效果慢慢调整，如图5-96所示。案例中的数值仅供参考，读者可以根据渲染图片的实际效果进行调整。

图5-96

04 为了增加暗色背景的氛围，在"fx效果"选项卡中，设置"裁剪后晕影"的"数量"为-12，给画面增加暗角效果，如图5-97所示。

图5-97

5.6.2 辉光加强与文字合成

在文字排版前，观察到画面光效不足，因此可以用 Photoshop 进行增加。

选中画面所在图层，执行"选择>色彩范围"命令，如图5-98所示。弹出对话框后鼠标指针会变成吸管状，单击画面最亮的部分吸取颜色，设置"颜色容差"为192，如图5-99所示。出现亮部斑马线后，使用快捷键Ctrl+J复制一层选中的部分，执行"滤镜 > 模糊 > 高斯

模糊"命令，设置"半径"为12像素，并将图层混合模式改为"颜色减淡"，即可看到光晕效果，可以复制一层再次加强。调整完成后，画面已经达到预期效果了，在字母G的中间加入名字和Logo，内容就更加完整了，如果还需要加入其他文字，可以放置在画面的上下空白处，如图5-100所示。

图5-98

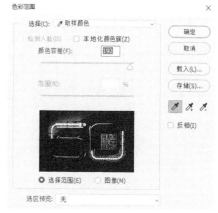

图5-99

图5-100

5.7 案例拓展

本章案例顺利完成了，用 Cinema 4D R20 的"扫描"生成器做霓虹灯并不难，只需改变"圆环"的粗细就能出现嵌套的效果，而且扩展性很强，例如，把"圆环"换成"花瓣"或是"矩形"，效果就会瞬间改变。读者还可以改变样条线的形状，将字母 G 和 O 的样条改为其他字母，就可迅速做出相应字母形状的灯管。

例如，把样条线改为字母 U，每一层都修改替换，然后把"平面"背景改为"圆盘"，整张名片就有了不同的效果，如图 5-101 所示。灯管也可以不做灯丝效果，将发光灯芯加粗就可以增加光感。霓虹灯效果的要点是环境偏暗且光源集中，同时搭配反射较强的金属材质，就会得到非常精致的画面效果。

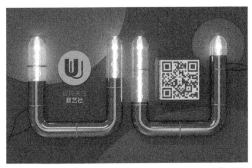

图5-101

改变配色也可以调整风格，只需修改材质"颜色"通道的数值，搭配不同的材质的颜色，就能让整体画面风格迥然不同，如图 5-102 所示。调整风格不仅能在 Cinema 4D R20 中进行，还能在 Photoshop 中进行，制作方法多种多样，只要最终达到理想的效果就可以。

图5-102

后期非常重要，Cinema 4D R20 的"物理"渲染器的辉光效果不够明显，一定要在 Photoshop 中进行加强，有光晕和光环的加持，画面效果会更加真实好看。

第6章

制作卡通风格的低面体灯塔

本章学习要点

使用"多边形"建模工具　　使用"减面"造型和"置换"变形器　　物理天空的特点

本章学习绘制低面体（低多边形）风格的作品，低面体在设计中应用得非常广泛。虽然平面软件可以模拟这种效果，但是用 Cinema 4D R20 操作简单且效果极佳，使用软件内置的"减面"变形器能轻松地将多边面变成三角面，比用平面软件逐个刻画三角形更加便捷。如果再配合灯光与材质，则可以营造明快的卡通效果。本章通过制作一个低面体的海岛灯塔，讲述这类风格的制作方法和要点。

6.1.1 低面体风格简介

低面体即Low Poly，指使用相对较少的点、线和面制作的低精度模型，在平面设计领域应用广泛，制作背景、形体、头像和动物等都有不错的效果，如图6-1所示是3个低面体风格的效果。

图6-1

这种风格的特点是对复杂的形体进行抽象处理，类似扁平风格的作品，去掉复杂的信息，让观众把注意力放在画面的色彩和结构上。对设计师而言，这种风格简单易上手，不需要精细的形体转折和光影描绘，也不需要很深的绘画功底，而且对电脑配置要求不高，渲染速度快，极其适合线上素材的快节奏更换。

6.1.2 构思草图和配色

本章模拟制作一款游戏开屏广告，需要游戏名字和登录按钮，采用颜色明快的卡通风格。可以参考一些灯塔样式和海岛图片，形体较简单，使用基础几何体就能概括。但需注意开屏广告的整体构图需要居中，画面上方留出文字位置，下方留出按钮位置，最好能画出手机的边框图用作参考，草图如图6-2所示。

图6-2

颜色从参考图中提取，因为需要制作卡通风格的作品，所以需要颜色的明度和饱和度都高。选择代表天空和海水的蓝色，代表灯塔的红色和白色，代表小岛的绿色与深灰色，大致配色如图6-3所示。

图6-3

本章使用一种新的制作方式，重点在建模，用"多边形"建模工具绘制元素，而材质会设置得相对简单。不同于前几章先建模后添加材质的方式，此次将一边建模一边添加材质，材质在本章起着区分形体的作用。

6.2.1 绘制塔身

塔身是圆柱体，而低面体风格需要用面概括，可用棱柱表示，步骤如下。

01 创建一个"圆柱"对象，执行"显示>光影着色（线条）"命令，观察圆柱的线框图，如图6-4所示。

图6-4

02 在"圆柱"对象的"对象"选项卡中设置"半径"为70cm、"高度"为306cm、"旋转分段"为9，把圆柱变成九棱柱，如图6-5所示。

图6-5

03 在对象面板中选中"圆柱"后方的"平滑着色"标签，如图6-6所示。按Delete键删除，将圆柱变成棱角分明的九棱柱，如图6-7所示。

图6-6

图6-7

04 需要灯塔的柱身越往上越窄，因此需要改变柱身形状。长按常用工具栏中的紫色图标，添加"锥化"变形器，如图6-8所示。在对象面板中把"锥化"变形器拖曳到"圆柱"对象的子级中，在属性面板中的"对象"选项卡中单击"匹配到父级"按钮，使变形器的尺寸与圆柱匹配，设置"强度"为40%，如图6-9所示。视图中的九棱柱变成了上小下大的锥形，如图6-10所示。变形器不会破坏原有模型的形状，可以随时改变强度，原型也可重复使用。

图6-8

图6-9

图6-10

05 复制一个"圆柱.2"对象,删除它的"锥化"
变形器,修改"半径"为80cm、"高度"为
60cm、"旋转分段"不变,如图6-11所示。使用
"移动"工具将它放置在九棱柱的底部,作为灯塔
的底座,如图6-12所示。

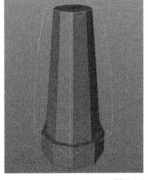

图6-11   图6-12

6.2.2 用格子纹理装饰塔身

根据草图,灯塔的塔身是红白间隔的颜色,
不需要单独建模,直接在材质中调节即可,步
骤如下。

01 双击材质面板中的空白处,添加一个基础材质
球,双击材质球打开"材质编辑器"窗口,进入
"颜色"通道,单击"纹理"后方的小三角,执行
"表面>棋盘"命令,添加棋盘纹理,如图6-13
所示。

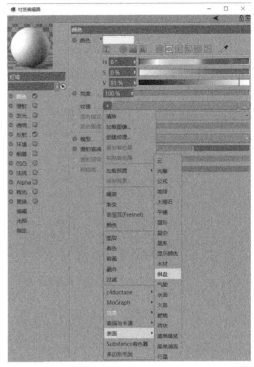

图6-13

02 可以看到"颜色"通道的"纹理"已经变成了
"棋盘",如图6-14所示。单击"棋盘"进入
"着色器"选项卡,设置"U频率"为0,纹理变
成了横格状,设置"颜色2"为红色,数值"H"
为353°、"S"为70%、"V"为100%,此时
材质颜色变为了红白相间,如图6-15所示。

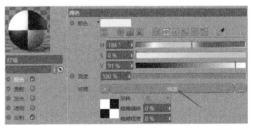

图6-14

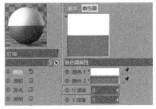

图6-15

03 关闭"材质编辑器"窗口，把材质球拖曳到九棱柱上，即可看到塔身变成一半红色一半白色，如图6-16所示。依据草图塔身应是两组红白条纹，因此需要改变材质球的属性，在属性面板中修改"偏移V"为40%、"平铺V"为2，"长度V"会自动变为50%，如图6-17所示。塔身的条纹就变成两组，顶面的纹理不用改，后期会被塔尖覆盖，如图6-18所示。

04 底座的纹理较简单，创建一个基础材质球，取消勾选"反射"通道，在"颜色"通道中将"颜色"改为偏冷的灰色，数值"H"为203°、"S"为13%、"V"为50%，如图6-19所示。把材质球拖曳到底座对象上，完成塔身两个材质的装饰。

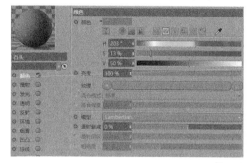

图6-19

6.2.3 绘制塔顶

塔顶由瞭望台、玻璃房和屋顶三个部分组成，都可以借助底座的九棱柱完成。这一步会介绍几个建模时常用的多边形编辑工具，它们都集中在快捷菜单，使用很方便。

1.瞭望台

01 选中底座的九棱柱，切换为"移动"工具 ✛，按住Ctrl键拖曳绿色的 y 轴箭头，向上复制一个九棱柱放置在塔顶，作为瞭望台，修改"半径"为48cm、"高度"为24cm，如图6-20所示。

图6-20

02 单击层级选择栏的"转为可编辑对象"图标 或者使用快捷键C把瞭望台九棱柱转为可编辑对

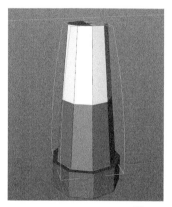

图6-16

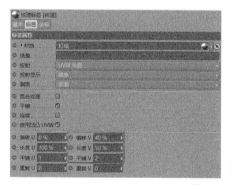

图6-17

图6-18

象。然后单击"多边形"图标◙切换为"面"层级，使用"实时选择"工具◙，选中并右击瞭望台的顶面，在快捷菜单中执行"内部挤压"命令，如图6-21所示。按住鼠标左键并向内移动，让选中的面向内偏移5cm左右，如图6-22所示。

图6-21

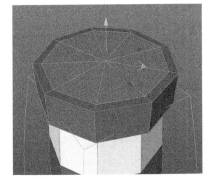

图6-22

03 再次右击瞭望台，在快捷菜单中执行"挤压"命令，如图6-23所示，按住鼠标左键向下移动鼠标，将选中的面向下挤压。瞭望台的墙壁就制作完成了，如图6-24所示，注意不宜挤压太多，否则会穿过底面。

图6-23

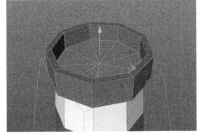

图6-24

04 切换为"模型"层级◙，创建一个半径为24cm的"球体"放置在瞭望台的中心，作为灯塔内部的灯，如图6-25所示。

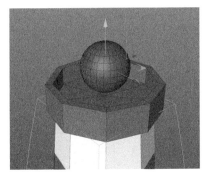

图6-25

2.玻璃房

01 选中底座的九棱柱，切换为"移动"工具✛，按住Ctrl键拖曳绿色的 y 轴箭头向上，复制一个九棱柱放置在瞭望台内，作为玻璃房，修改"半径"为34cm、"高度"为66cm，比瞭望台稍高一些，如图6-26所示。

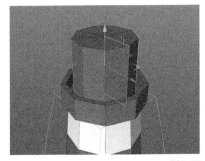

图6-26

02 单击层级选择栏的"转为可编辑对象"图标◙或者使用快捷键C键把玻璃房九棱柱转为可编辑对象。然后单击"多边形"图标◙切换为"面"层级，执行"选择>循环选择"命令，如图6-27所示。将鼠标指针移至九棱柱的立面并单击，系统自动选中所有立面，如图6-28所示。右击玻璃房，在快捷菜单中执行"内部挤压"命令，在属性面板中取消勾选"保持群组"复选框，如图6-29所示。按住鼠标左键并向内移动，让选中的面向内偏移1cm左右，如图6-30所示。

图6-27

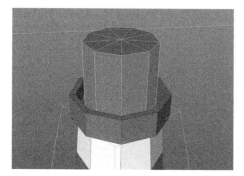

图6-28

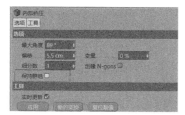

图6-29

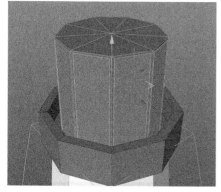

图6-30

03 再次右击瞭望台，在快捷菜单中执行"挤压"命令，按住鼠标左键并向左移动，将选中的面向内挤压1cm，做出窗户的样式，如图6-31所示。

图6-31

04 保持面的选中状态，双击材质面板中的空白处，创建一个默认材质球，不用调色，将这个材质球拖曳至选中的面上，给所有的玻璃添加材质，完成塔顶的玻璃房，如图6-32所示。为了避免后期找不到相应的材质，此时给每个材质球重命名，如图6-33所示。

图6-32

图6-33

3.屋顶

01 切换到"模型"层级 ，选中底座的九棱柱，切换为"移动"工具 ，再次按住Ctrl键向上拖曳绿色的y轴箭头，复制一个九棱柱放置在玻璃房顶部，作为屋顶，修改"半径"为48cm、"高度"为3cm，使屋顶与瞭望台半径相同，如图6-34所示。

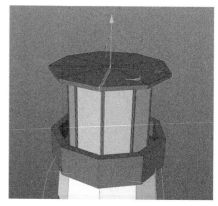

图6-34

02 使用快捷键C键把屋顶九棱柱转为可编辑对象，单击"多边形"图标切换为"面"层级，使用"实时选择"工具选中并右击屋顶九棱柱的顶面，在快捷菜单中执行"内部挤压"命令，在属性面板中取消勾选"保持群组"复选框。按住鼠标左键并向内移动，让选中的面向内偏移出一个较小的顶面，如图6-35所示。

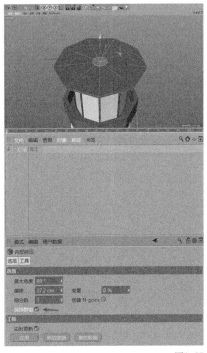

图6-35

03 切换为"移动"工具向上拖曳绿色的 y 轴箭头，做出屋顶的锥形，如图6-36所示。

图6-36

04 切换为"模型"层级，复制一个屋顶，使用"缩放"工具将其缩小为屋顶顶部的大小，然后切换为"多边形"层级，把上下两个面都做成锥形，完成屋顶装饰，如图6-37所示。

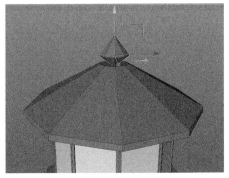

图6-37

6.2.4 透明与发光

塔顶总共需要外墙的白色材质、屋顶的红色材质、玻璃材质和灯光的发光材质4个材质。

1.外墙材质和屋顶材质

墙面和屋顶的材质都非常简单，只需建立材质球，然后修改"颜色"通道即可。白色墙面的数值"H"为203°、"S"为0%、"V"为91%，在调节白色或者黑色材质时，不宜把V值调到左右两端，颜色偏灰会使这两个颜色更加好看，如图6-38所示。红色屋顶数值"H"为353°、"S"为65%、"V"为100%，如图6-39所示。创建完成后把两个材质球重命名。

图6-38

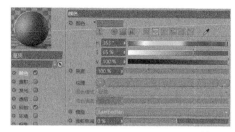

图6-39

2.玻璃材质

01 双击前面创建的玻璃材质打开"材质编辑器"窗口，在"颜色"通道修改"颜色"的数值"H"为167°、"S"为37%、"V"为80%，得到一个淡青色，如图6-40所示。

图6-40

02 勾选"透明"复选框，设置"折射率预设"为"玻璃"，系统自动填入"折射率"为1.517，设置"模糊"为20%，使光线在玻璃中有色散效果，如图6-41所示。

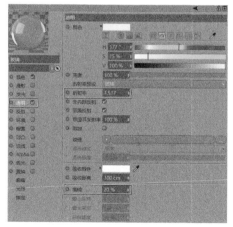

图6-41

3.发光材质

01 双击材质面板中的空白处创建基础材质球，打

开"材质编辑器"窗口并勾选"发光"通道，设置"颜色"的数值"H"为47°、"S"为47%、"V"为100%，呈现淡黄色，如图6-42所示。

图6-42

02 勾选"辉光"通道，取消勾选"材质颜色"复选框，将"颜色"设置为偏深的暖黄色，数值"H"为37°、"S"为73%、"V"为100%，如图6-43所示。

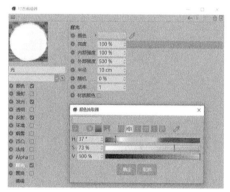

图6-43

03 塔顶的颜色都制作完成了，把它们分别赋予对应的对象并查看效果，如图6-44所示。完成灯塔的部分，在对象面板中把所有元素重命名，并使用快捷键Alt+G合成模型组。

图6-44

6.3 制作小屋

继续使用"多边形"建模工具，结合"挤压"和"内部挤压"工具制作灯塔旁边的小房子，本节将多次使用这两个工具，帮助读者熟悉它们的使用特点。

6.3.1 立方体变成小屋子

构建小房子的大致形状，然后制作门窗等细节，随着制作过程给不同模型添加材质。

01 创建一个"立方体"对象，设置"尺寸.X"为148cm、"尺寸.Y"为23cm、"尺寸.Z"为104cm，放置在灯塔底座的旁边，作为房屋的基座，如图6-45所示。

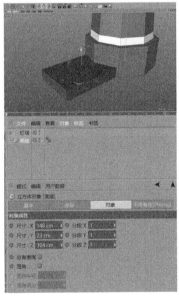

图6-45

02 复制一个立方体，设置"尺寸.X"为133cm、"尺寸.Y"为112cm、"尺寸.Z"为69cm，放置在基座上方，作为房屋主体。需要增加分段数给房屋做出门窗，在"对象"选项卡中，设置"分段.X"为3、"分段.Y"为2和"分段.Z"为2，如图6-46所示。

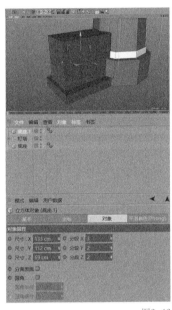

图6-46

03 在层级选择栏单击"转为可编辑对象"图标或者使用快捷键C把房屋立方体转为可编辑对象。单击"多边形"图标切换为"面"层级，使用"实时选择"工具选中并右击房屋正面上排的两个面，在快捷菜单中执行"内部挤压"命令，如图6-47所示。按住鼠标左键并向内拖曳，让选中的面向内偏移出窗户的位置，然后用"缩放"工具把宽度适当调小，如图6-48所示。

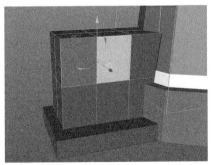

图6-47

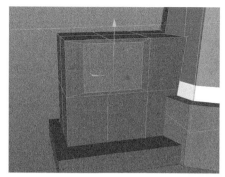

图6-48

04 在快捷菜单中执行"挤压"命令，按住鼠标左键沿 z 轴正方向拖曳，挤压出窗子的厚度，如图6-49所示。然后在快捷菜单中执行"内部挤压"命令，按住鼠标左键沿 z 轴负方向拖曳，挤压出窗框的厚度，如图6-50所示。

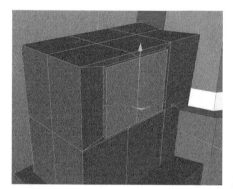

图6-49

图6-50

05 再次执行"挤压"命令，按住鼠标左键沿 z 轴负方向挤压，挤出玻璃窗，如图6-51所示。保持选中状态，创建一个基础材质球，命名为"玻璃2"，并拖曳至选中的面上，提前为玻璃窗添加材质。

图6-51

06 使用同样的步骤制作房屋的门，单击"多边形"图标■切换为"面"层级，使用"实时选择"工具◉选中并右击房屋靠外的侧立面，在快捷菜单中执行"内部挤压"命令，如图6-52所示。按住鼠标左键在空白处向内拖曳，让选中的面向内偏移，得到房屋的门，使用"缩放"工具■调整形状，如图6-53所示。

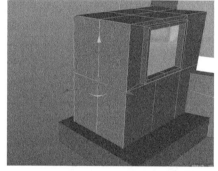

图6-52

图6-53

07 执行"挤压"命令，按住鼠标左键沿 x 轴正方向拖曳，挤出门的厚度，如图6-54所示。然后执行"内部挤压"命令，按住鼠标左键沿 x 轴负方向拖曳，挤出门框的厚度，如图6-55所示。再次执行"挤压"命令，按住鼠标左键沿 x 轴负方向拖曳，向房子内部挤压得到房屋的门，给门赋予屋顶的红色材质，小房子的门就制作完成了，如图6-56所示。

放"命令，按住鼠标左键向左拖曳，得到屋檐，如图6-59所示。

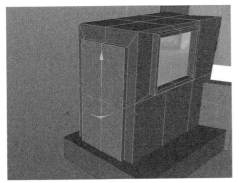

图6-54

图6-57

图6-55

图6-58

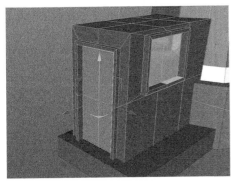

图6-56

图6-59

08 用类似的方法做出屋顶，使用"实时选择"工具 ⊙ 选中并右击屋顶所有的面，在快捷菜单中执行"内部挤压"命令，如图6-57所示。按住鼠标左键向上拖曳，将选中的面向上偏移，得到有厚度的屋顶，如图6-58所示。在快捷菜单中执行"沿法线缩

09 单击层级选择栏中的"边" ⊡ 切换为"线"层级，使用"实施选择"工具 ⊙ 选中屋顶横向中线，如图6-60所示。向上拖曳绿色的 y 轴箭头做出屋顶，得到小房子的大致形状，如图6-61所示。

图6-60

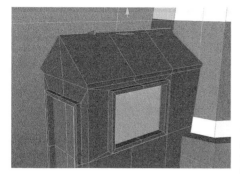

图6-61

6.3.2 绘制屋顶的瓦片

小房子的屋顶通常有瓦片，使用"克隆"工具可以轻松实现该效果。

01 创建一个单独的瓦片，创建一个"立方体"对象，在"对象"选项卡中设置"尺寸.X"为7cm、"尺寸.Y"为1cm、"尺寸.Z"为15cm，并赋予红色材质，以便观察，如图6-62所示。

图6-62

02 选中瓦片的"立方体"对象，按住Alt键执行"运动图形>克隆"命令，添加瓦片的克隆对象。在属性面板中设置"模式"为"线性"、"数量"为6、"位置.Y"为-1cm，与瓦片厚度一致，"位置.Z"为7cm，使瓦片变成一个压一个的一列竖排，如图6-63所示。

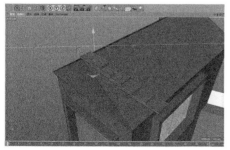

图6-63

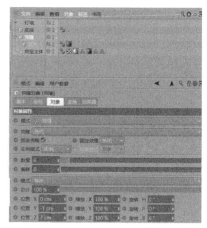

图6-63（续）

03 在对象面板选中"克隆"对象，按住Alt键执行"运动图形>克隆"命令，给克隆的瓦片再次添加克隆。在属性面板中设置"模式"为"线性"、"数量"为16、"位置.X"为-8cm，比瓦片宽度多1cm，形成空隙，完成屋顶一边的瓦片，如图6-64所示。

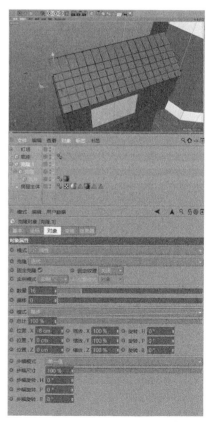

图6-64

04 在对象面板中选中整个瓦片组的克隆对象，使用"旋转"工具 ⊘ 旋转瓦片组，使之贴合屋顶，如图6-65所示。

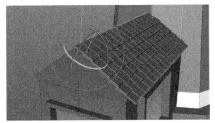

图6-65

05 选中整个瓦片组的克隆对象，按住Alt键长按常用工具栏的"实例"图标，选择"对称"工具，如图6-66所示，使"对称"位于"克隆"的父级。在属性面板中设置"镜像平面"为"XY"，视图中将显现以 xy 平面为轴心镜像出的另外一组瓦片，如图6-67所示。

图6-66

图6-67

06 单击层级选择栏的"启用轴心"图标 ⌐，调整瓦片的位置，使用"移动"工具 ✛ 将蓝色的 z 轴坐标向屋顶中心移动，使镜像得到的瓦片组正好放置在屋顶的另外一端，完成屋顶所有的瓦片，如图6-68所示。注意要关闭"启用轴心"工具，否则移动其他模型看不到效果。

图6-68

6.3.3 制作炊烟

01 先制作烟囱。烟囱比较简单，创建一个"立方体"对象，在"对象"选项卡设置"尺寸.X"为28cm、"尺寸.Y"为48cm、"尺寸.Z"为28cm，放置在屋顶的一侧，如图6-69所示。

图6-69

02 炊烟相对较复杂，着重使用两个工具。创建"球体"对象，在"对象"选项卡设置"半径"为4.667cm、"分段"为6，如图6-70所示。

图6-70

03 按Delete键删除"平滑"标签，此处不需要光滑的球体，减少分段数也能减少面数，加快渲染速度。使用"移动"工具 ✛ 把球体放置在烟囱的出口处，作为第一团烟雾，如图6-71所示。

图6-71

04 选择"移动"工具 ✛，按住Ctrl键拖曳绿色的 y 轴箭头，复制同样的球体，并用"缩放"工具 ▣ 根据炊烟的规律改变球体大小，先出现的球体较小，然后变大，最后变小直至消失，复制得到六团烟雾即可，如图6-72所示。

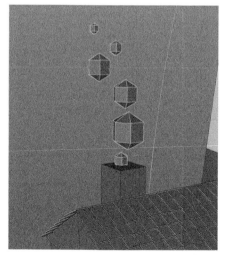

图6-72

05 长按常用工具栏的"实例"图标，选择"融球"造型，如图6-73所示。在对象面板中把所有烟囱球体放入"融球"造型的子级中，在属性面板中设置"编辑器细分"和"渲染器细分"都为1cm，使"融球"造型变得非常精细，如图6-74所示。如果"融球"造型的面积过大导致计算机卡顿，可以增加"编辑器细分"的数值，降低预览效果的精细程度，正式渲染时再追求精细，如图6-75所示。

图6-73

图6-74

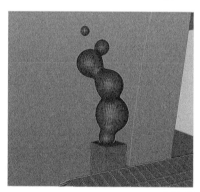

图6-75

06 长按常用工具栏的"实例"图标选择"减面"造型，这个造型是把多边形做成低面体风格的关键，如图6-76所示。

图6-76

07 在对象面板中把"融球"造型整体放入"减面"造型的子级中，双击文件名进行重命名，便于后期修改，如图6-77所示。此时可能观察不到"减面"造型的效果，单击"减面"造型，在"对象"选项卡中设置"减面强度"为98%，如图6-78所示。可以看到炊烟已经成形了，如图6-79所示。

图6-77

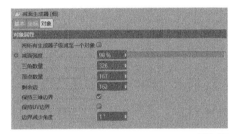

图6-78

图6-79

6.3.4 做些小植物

房屋周围需要一些装饰，可以在窗户下面做一排小植物，增加生活气息。

01 做一个台阶作为摆放植物的平台，创建一个"立方体"对象，设置"尺寸.X"为115cm、"尺寸.Y"为12cm、"尺寸.Z"为15cm，做成长条状放在窗下，如图6-80所示。

图6-80

02 创建"圆柱"对象，在"对象"选项卡设置"半径"为6.4cm、"高度"为11cm、"旋转分段"为6，同时删除对象面板中"圆柱"对象的"平滑"标签，做成一个六棱柱小花盆，如图6-81所示。

03 长按常用工具栏的紫色图标 ，添加"锥化"变形器，把它放入六棱柱花盆的子级中。在"对象"选项卡中设置"强度"为-17%，单击"匹配到父级"按钮，使其与六棱柱相匹配，如图6-82所示。使花盆变成上大下小的椎体，如图6-83所示。

图6-81

图6-82

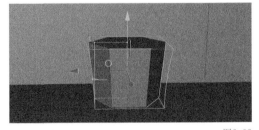

图6-83

04 创建"球体"对象，在"对象"选项卡中设置"半径"为10cm、"分段"为12、"类型"为"二十面体"，取消勾选"理想渲染"复选框，渲染时才会展现出棱角，因为"理想渲染"会强行平滑表面，如图6-84所示。把"球体.1"放置在花盆上面作为植物，如图6-85所示。

图6-84

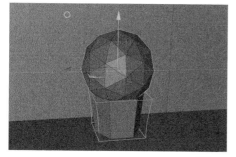

图6-85

05 全选花盆和植物对象，使用快捷键Alt+G合成为一组，然后使用快捷键Ctrl+C和Ctrl+V复制两组，再使用"缩放"工具■改变植物的形状，让每一盆植物都不同，完成所有的小植物，如图6-86所示。

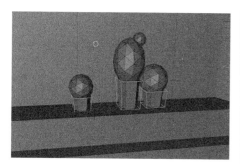

图6-86

6.3.5 给房屋上色

房屋完成后就可以给它们添加材质了。

01 白色的墙面材质可以直接使用在房屋的墙面和烟囱的烟雾上，应用材质后炊烟部分没有问题，但房屋的白色材质把门和窗户的材质覆盖了，如图6-87所示。需要在对象面板中选中房屋的主体对象，把最后加入的白色材质球放置在玻璃材质球前方，墙面材质就不会覆盖门窗的材质了，如图6-88所示，效果如图6-89所示。

图6-87

图6-88

图6-89

02 在层级选择栏切换为"面"层级■，使用"实时选择"工具◎并按住Shift键选中所有需要添加红色材质的部分，如图6-90所示。然后把红色材质拖曳到选中的面上，屋顶和窗框都变成了红色。房屋底座和灯塔底座的颜色相同，都使用灰色材质；植物的放置台和墙体颜色相同，使用白色材质，效果如图6-91所示。

图6-90

图6-91

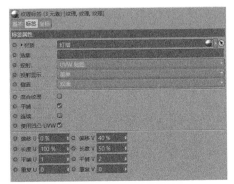

图6-94

03 烟囱和花盆可以使用灯塔塔身红白相间的材质，把材质拖曳到烟囱上，然后在"标签"选项卡中设置"偏移V"为-25%，如图6-92所示。使纹理平铺在烟囱上，如图6-93所示。

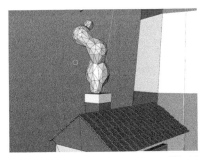

图6-92

图6-95

05 创建一个绿色材质赋予植物。创建一个基础材质球并打开"材质编辑器"窗口，在"颜色"通道设置"颜色"的数值"H"为167°、"S"为70%、"V"为70%，如图6-96所示。给每个植物都添加这个绿色材质，即可完成房子部分的材质，如图6-97所示。

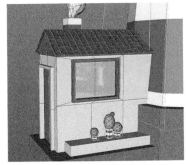

图6-93

04 使用同样的方法给花盆添加材质，在属性面板中的"标签"选项卡中设置"平铺V"为2、"偏移V"为40%，如图6-94所示。花盆就有了像灯塔一样的两条红纹，并且处于居中位置，如图6-95所示。

图6-96

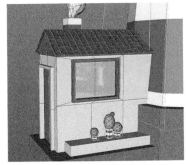

图6-97

6.4 绘制大海和小岛

主体完成后就可以构建海面、小岛等环境了。虽然有些元素在整体画面中占比很小，但是不可或缺，这些小元素决定着画面的精致程度和完整性，因此一定不能忽略细节。

6.4.1 创建一片汪洋大海

创建最大的海面环境，步骤如下。

01 创建"平面"对象，在"对象"选项卡中设置"宽度"和"高度"都为12000cm，让平面的尺寸足够大，将"高度分段"和"宽度分段"都设置为100，足够的分段数才能为波浪起伏的海面做好铺垫，如图6-98所示。效果如图6-99所示。

图6-98

图6-99

02 长按常用工具栏的紫色图标，选择"置换"变形器，如图6-100所示。在对象面板中把"置换"变形器放入"平面"的子级中。

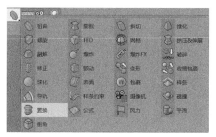

图6-100

03 单击对象面板中的"置换"变形器，在属性面板中切换到"着色"选项卡，单击"着色器"的小三角按钮并选择"噪波"，添加"噪波"着色器，如图6-101所示。

图6-101

04 单击"噪波"着色器进入编辑界面，设置"全局缩放"为200%、"对比"为100%，使着色器有水面般的纹理，如图6-102所示。平面已经初步展现出起伏效果了，如图6-103所示。

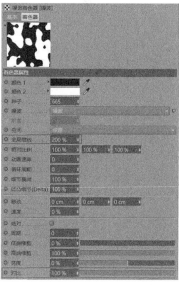

图6-102

图6-103

05 长按常用工具栏中的"实例"图标,选择"减面"造型,如图6-104所示。在对象面板中把应用了"置换"变形器的"平面"放入"减面"造型的子级。在属性面板中的"对象"选项卡中设置"减面强度"为88%,如图6-105所示。观察到视图中"平面"的起伏面变成了不规则的三角面,海平面就制作完成了,如图6-106所示。

图6-104

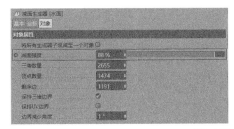

图6-105

图6-106

06 给海面添加材质,创建一个基础材质球并打开"材质编辑器"窗口,设置"颜色"通道的"颜色"数值"H"为184°、"S"为50%、"V"为94%,作为海水的基础颜色,如图6-107所示。

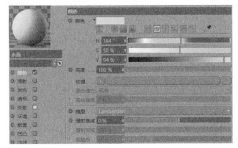

图6-107

07 勾选"反射"复选框,单击"移除"按钮删除默认反射,然后单击"添加"按钮,选择"GGX"类型,修改"菲涅耳"为"导体",让材质形成强反射,如图6-108所示。

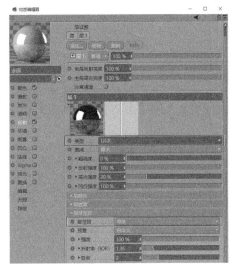

图6-108

08 把材质拖曳到作为水面的"平面"对象上,即刻就能看到反射效果,如图6-109所示。为了方便观察预置,Cinema 4D R20预览效果会默认一个反射环境,在渲染查看器中并不能看见,后期还是需要自主添加环境。

图6-109

6.4.2 创建海上的小岛

双击对象面板中"平面"后方的灰点，使其变成红点以隐藏水面，开始制作小岛。

01 创建"球体"对象，在"对象"选项卡中设置"半径"为410cm、"类型"为"二十面体"，把球体表面变成三角面，取消勾选"理想渲染"复选框，删掉"球体"对象的"平滑"标签，如图6-110所示。球体变成由三角形面组成的，如图6-111所示。

图6-110

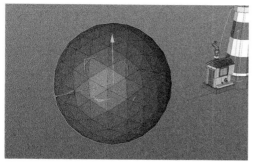

图6-111

02 使用快捷键C把球体转化为可编辑对象，使用"缩放"工具拖曳 y 轴把球体压扁，如图6-112所示。

图6-112

03 细化小岛的外形。单击层级选择栏的"面"切换为"面"层级。使用"实时选择"工具，在"选项"选项卡中修改"模式"为"柔和选择"，如图6-113所示，类似Photoshop中的"柔边"画笔。单击球体的三角形面，可以看到选中的面及其周围都变成了黄色，此时拖曳坐标轴可以改变球体的形状，将小岛调整为部分内凹、部分外凸的形状，按照个人想法制作即可，如图6-114所示。

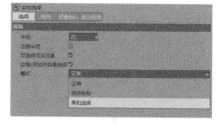

图6-113

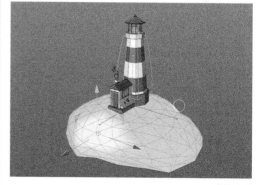

图6-114

04 草图阶段就可以设想小岛的形状，现在按照草图进行修整。小岛有一定的高度，整体是不规则的圆形，接近水面的部分边缘更低，岛上部分平坦的地方可供修建灯塔。可在三视图中调整小岛的外形，如图6-115所示。

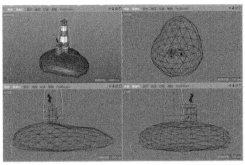

图6-115

05 长按常用工具栏中的"实例"图标 🔗 选择"减面"造型 ⚠️，在对象面板中把"球体"放入"减面"造型的子级中，在"对象"选项卡中设置"减面强度"为73%，如图6-116所示。图6-117是精简后的小岛表面。

图6-116

图6-117

06 小岛上需要覆盖一层植物，在对象面板中选中并右击小岛的"减面"造型，在快捷菜单中执行"当前状态转对象"命令并将原有模型隐藏备用，如图6-118所示。选中转化后的"减面"造型并切换为"面"层级，选择"实时选择"工具 🔵，在"选项"选项卡中修改"模式"为"正常"，此处不需要柔边，"半径"也适当增加为22，如图

6-119所示。

图6-118

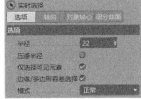

图6-119

07 选中小岛上半部分的面，如图6-120所示。在视图中右击并执行"挤压"命令，如图6-121所示。按住鼠标左键从左向右慢慢拖曳，使选中的面向上挤出几厘米的厚度，然后把绿色植物的材质拖曳到这个面上，小岛就有了一层草地，如图6-122所示。小岛的其他部分可以使用灯塔底座的灰色材质，小岛制作完成。

图6-120

图6-121

图6-122

6.4.3 装饰小岛

需要给光秃秃的小岛添加一些细节,如植物、岩石、礁石、救生圈和浮标等,让画面更生动。

1.植物球和岩石

01 创建"球体"对象,在"对象"选项卡中设置"半径"为60cm、"类型"为"二十面体",如图6-123所示。然后复制两个球体,一个赋予绿色植物的材质,另一个赋予灰色底座的材质,如图6-124所示。

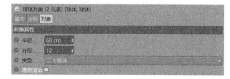

图6-123

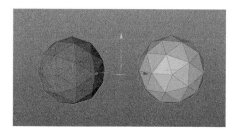

图6-124

02 将两个球体各复制几个,使用"移动"工具❖和"缩放"工具◪把这些球体放大或缩小,放置在岛的各处。小岛北面的植物和岩石较多且更大,岛的正面相对更稀疏,房子周围也放置一些,小岛立刻丰富起来,如图6-125所示。

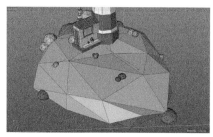

图6-125

2.救生圈

01 取消隐藏水面,调整水面、海岛和岩石等的位置。创建"圆环"对象并放在小岛旁边,从水面露出一半,作为救生圈,如图6-126所示。

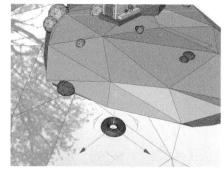

图6-126

02 长按常用工具栏"实例"图标🗇选择"减面"造型⚠,在对象面板中把"圆环"放入"减面"造型的子级中。在"对象"选项卡中设置"减面强度"为85%,让救生圈的表面也变成三角形面,如图6-127所示。

图6-127

03 给救生圈上色。在材质面板中按住Ctrl键复制红白相间的塔身材质球,并赋予救生圈。观察发现条纹方向不正确,打开"材质编辑器"窗口,在"颜色"通道的"纹理"栏打开"着色器"选项卡,修改"U频率"为1、"V频率"为0,使条纹变成竖向,如图6-128所示。

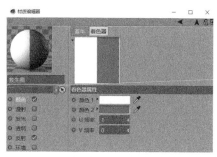

图6-128

04 关闭"材质编辑器"窗口，在对象面板中选中救生圈的材质球，在"标签"选项卡中修改"平铺U"为5，如图6-129所示。让救生圈的条纹变成五组，如图6-130所示。

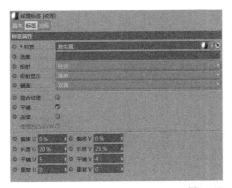

图6-129

图6-130

3.礁石

复制岛上的岩石球体，使用"移动"工具和"缩放"工具把石头放大并放置在小岛周围，近处和远处都放置一些，使后期做景深时效果更好，如图6-131所示。

图6-131

4.浮标

01 创建"立方体"对象，在属性面板中设置"尺寸.X"为12cm、"尺寸.Y"为140cm、"尺寸.Z"为12cm，放在小岛的一旁，底端插入水面下，赋予红白色横条纹材质，如图6-132所示。

图6-132

02 执行"运动图形>克隆"命令，如图6-133所示。在对象面板中把创建的"立方体"放入"克隆"的子级中，在"对象"选项卡中设置"模式"为"放射"、"数量"为17、"半径"为850cm、"平面"为"XZ"，如图6-134所示。视图中可以看到小岛四周都围绕着浮标，如图6-135所示。

图6-133

图6-134

图6-135

03 选中"克隆"对象,执行"运动图形>效果器>随机"命令,给"克隆"对象添加"随机"效果器,如图6-136所示。在"参数"选项卡中勾选"位置"复选框,设置"P.X"为80cm、"P.Y"为6cm、"P.Z"为89cm,勾选"旋转"复选框,设置"R.H"为60°、"R.P"为10°,如图6-137所示。使浮标呈随机分布的状态,如图6-138所示。

图6-136

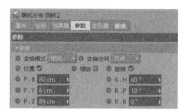

图6-137

图6-138

6.4.4 摄像机构图

所有的元素对象制作完成后,需要设置画面尺寸和摄像机进行构图。制作元素的过程中也可以提前添加摄像机,更直观地安排元素的位置,读者可以根据习惯自行调整步骤顺序。

01 单击"编辑渲染设置"图标 ,在"渲染设置"窗口中设置"渲染器"为"物理",单击并进入"输出"通道,设置"宽度"和"高度"都为"1920像素"、"分辨率"为"72像素/英寸(DPI)",如图6-139所示。

图6-139

02 进入"物理"通道,勾选"景深"复选框,设置"采样器"为"递增"、"递增模式"为"通道数"、"递增通道数"为256,如图6-140所示。

图6-140

03 关闭"渲染设置"窗口回到视图画面,按住Alt键拖曳鼠标调整画面角度,用鼠标滚轮调整距离。使灯塔主体置于画面中心,海面边缘超出画面,架设一台摄像机,固定构图。单击"摄像机"对象 ,单击对象面板中"摄像机"对象后方的黑色准星图标 ,进入摄像机视角。在"对象"选项卡中设置"焦距"为"80肖像(80毫米)",单击"目标距离"黑色箭头,此时鼠标指针在视图中呈十字标志,单击灯塔顶端设定此处为焦点,"目标距离"会自动填入数值,如图6-141所示。

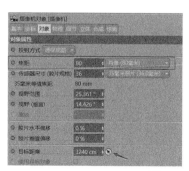

图6-141

04 切换到"物理"选项卡,设置"光圈"为0.15,光圈越大,虚化效果越明显,如图6-142所示。渲染后查看焦点的位置是否准确,若不准确可以单击"目标距离"再次进行调整,画面能呈现景深效果即可,渲染效果如图6-143所示。

图6-142

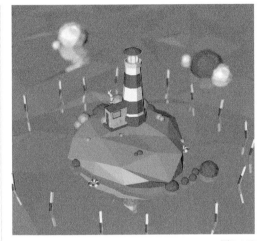

图6-143

6.5 添加环境

本节将讲解物理天空的使用,这是 Cinema 4D R20 中自带的效果,能模拟真实的天空光线,根据时间和时区的不同,有早晨、傍晚、星空和冬夜等不同的效果。

6.5.1 物理天空

01 长按常用工具栏中的"地面"图标,选择"物理天空",如图6-144所示。

图6-144

02 在属性面板中可以查看"物理天空"的参数,在"时间与区域"选项卡中设置"时间"为一个秋季的早上,具体时间可以自行设定。笔者想展现柔和的光线,故选择了一个秋天的早晨,光线是暖黄色的,并且能将阴影拉得较长,如图6-145所示。

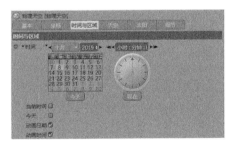

图6-145

03 在透视视图中看到默认的光照角度不符合要求,光线没有正面照射在灯塔和房子上。选中"物理天空"并切换为"旋转"工具,如图6-146所示。旋转"物理天空"的角度,使光线符合需要,单击"渲染"按钮查看效果,完成物理天空,效果如图6-147所示。

图6-146

图6-147

6.5.2 全局光照与环境吸收

只有"物理天空"的光照强度是不够的，需要加入渲染器的一些特殊效果，使用万能的"全局光照"即可让画面整体不会灰暗。读者还可以添加"环境吸收"效果，增加物体之间

的阴影，让光影更真实，更符合自然界的规律。

01 在"渲染设置"窗口单击"效果"按钮 [效果]，选择"全局光照"，单击进入"全局光照"通道，设置"预设"为"室外-物理天空"，如图6-148所示。

图6-148

02 继续单击"效果"按钮选择"环境吸收"，单击进入"环境吸收"通道，将"颜色"中的黑色滑块修改为深蓝色，数值"H"为226°、"S"为33%、"V"为31%，如图6-149所示。使阴影处不再一片漆黑，反而呈现出偏灰的蓝色，显得明亮干净。

图6-149

6.6 渲染输出

此前已经基本完成所有设置，可以直接预览效果，有景深的画面需要确定焦距的位置，否则稍微调整画面尺寸与距离都会使焦点发生偏移。

仔细观察预览图是否正确，待焦距调试准确后，单击"渲染到图片查看器"图标▨或者使用快捷键 Shift+E，在"图片查看器"窗口查看渲染效果，如图 6-150 所示。

软件会按照设定的通道数进行渲染，当进程数为256时停止渲染，"历史"选项卡出现绿点时表明渲染完成。单击"图片查看器"窗口左上方的"保存"图标，在"保存"通道中设置"格式"为"PNG"，即可保存出图。渲染的过程中可以发现低面体风格的图片渲染速度很快，因为它没有过多的块面转折和复杂的光影，所以修改和出图都非常方便。

图6-150

6.7 后期合成

渲染出图后还是需要后期调色和排版，使作品达到更好的效果。

6.7.1 Photoshop调色

01 使用Photoshop打开图片，在"图层"面板中右击图层执行"转换为智能对象"命令，使后续步骤能对图片进行改变，如图6-151所示。

图6-151

02 执行"滤镜>Camera Raw 滤镜"命令，如图6-152所示，或者使用快捷键Shift+Ctrl+A打开"Camera Raw 滤镜"窗口。

图6-152

03 在窗口中设置"色温"为-5、"色调"为+12，让水的颜色偏冷；设置"曝光"为+0.95、"清晰度"为+40、"白色"为+34，改变画面偏灰的问题，但曝光也不宜太过，根据画面效果慢慢

调整，如图6-153所示。案例中的数值仅供参考，读者可以根据渲染图片的实际效果进行调整。

图6-153

6.7.2 文字合成

将画面调整为开屏广告的尺寸，加入名字和按钮进行排版。文字排版不能过于呆板，中

文和英文穿插可以让标题更活泼，更符合画面的卡通风格，按钮需要放置在手指容易接触的区域，且不宜太小。画面颜色已经很鲜艳了，则文字方面不宜太艳丽，此处使用了白色，与整体小清新的氛围相配，如图 6-154 所示。排版过程中随时在手机上观察效果，如图 6-155 所示。

图6-154

图6-155

6.8 案例拓展

本章案例的低面体风格搭配物理天空可以变换许多不同的效果。

物理天空设置不同时段会产生不同的画面效果，如白天和夜晚，画面氛围也因此变得完全不同，读者可以自行尝试，如图 6-156 和图 6-157 所示。

图6-156

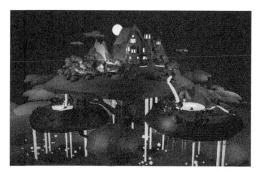

图6-157

低面体风格还适用于电商活动页面的等距长图，用几何体搭建的店铺街可以无限延伸，配合低面体的渲染速度优势，非常适合紧张的大促时期，如图 6-158 和图 6-159 所示。读者应多观察电商活动的页面，配合自己的色卡做出更多风格的作品。

图6-158

图6-159

第 **7** 章

制作融化的巧克力

本章学习要点

体积建模方法　　深入学习"节点材质编辑器"窗口　　克隆物体的多材质赋予方法　　制作彩色灯光

7.1 分析与思考

本章使用 Cinema 4D R20 版本新加入的体积建模功能制作一幅融化的巧克力作品，效果如图7-1所示。通过这幅作品，读者可以学习体积生成器和网格生成器的使用方法与制作流程，以及把基本参数化对象变成复杂模型的方法。

图7-1

7.1.1 体积建模的概念

VDB 格式是好莱坞动画公司——梦工厂开放的通用格式，它是一个开源的 C++ 框架，基于"体素"的概念，通过计算体积的空间位置信息进行建模，可以制作云、火、烟雾等流体或者粒子特效。体素等同于二维平面的像素，即三维版本的像素。照片中像素越小、数量越多，照片就越清晰，同样在三维模型中体素越小，模型的体素数量越多，模型就越清晰精致。

将多个基本对象和多边形对象，甚至样条、粒子和噪波等进行布尔运算（相加、相减或相交）组合在一起生成体素，然后将体素网格化，用程序化的方式构建有机或硬表面对象，这就是体积生成器和网格生成器的作用。

体积建模可以很轻松地构建对于传统建模方法而言复杂的模型，然而布线和精度却没有多边形建模精细，故而不能用于工业级建模，但对于草图构思或一些不需要精细到毫厘的模型是非常适用的。

7.1.2 使用体积建模

体积建模的基本方法很简单，Cinema 4D R20 的菜单与之前的版本不同，多了"体积"菜单，其中"体积生成" 🔧 和"体积网格" 🔳 是最主要的两个工具，也归类到常用工具栏的绿色生成器图标类中。单击创建后即可在对象面板看到相应的"体积生成"对象和"体积网格"对象。"体积生成"工具作用于对象物体或者样条等生成体素，"体积网格"工具将"体积生成"的体素网格实体化。

使用时物体对象需要在"体积生成"的子级，"体积生成"需要在"体积网格"的子级，顺序不能颠倒，如图7-2所示。用"立方体"和"球体"进行体积建模需要把它们放在"体积生成"的子级中，材质球需要赋予"体积网格"才会产生作用。

图7-2

在对象面板单击"体积生成"即可在属性面板中查看相应的参数，需要注意以下3个参数，如图7-3所示。

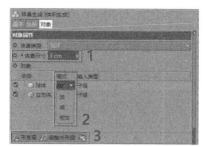

图7-3

提示

　　因为体素的生成是由物体对象表面的布线决定的，所以当体素尺寸较小，模型却没达到理想的平滑效果时，可以增加对象物体的分段数以达到目的。

- **体素尺寸**：决定模型的精致程度，数值越小越精细，同时也会降低计算速度，使用时应逐渐减小，寻求最佳性价比，观察不同体素尺寸的模型状态，使用数值3cm的模型即可，如图7-4所示。

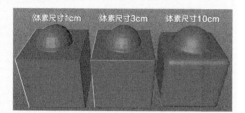

图7-4

- **对象**：可以添加多层物体模型，上层对象对下层对象有加、减或相交3种生成模式，也就是布尔运算的3种模式，效果如图7-5所示。

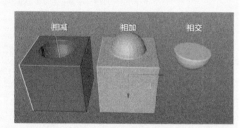

图7-5

- **平滑层**：让模型表面平滑，类似Photoshop的"羽化"工具，单击"平滑层"使其位于对象物体的顶层，模型边缘过渡的地方会变得非常顺滑，像用"柔和"画笔涂抹后的效果，如图7-6所示。

图7-6

7.1.3　构思草图和配色

　　本章的案例是做融化的巧克力，需要思考与巧克力相关的关键词。巧克力的做法可以想到DIY巧克力，巧克力的类型有黑巧克力和牛奶巧克力等，相关甜品有巧克力奶油、巧克力甜甜圈和巧克力豆等，把它们都罗列出来，如图7-7所示。

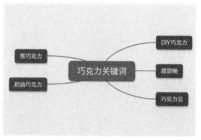

图7-7

　　根据关键词搜集一些图片资料作为样式和颜色参考，巧克力的甜点都可以作为形体参考，同时选取数值制作色卡，为构建模型提供依据，如图7-8所示。

图7-8

本章的制作方式与上一章相同，重点在建模，绘制出相关元素后进行体积生成，而材质会设置得相对简单。本案例同样会一边建模一边添加材质，材质起着区分形体的作用。

7.2.1 主体文字

制作作为主体的"DIY 巧克力"文字。

01 执行"运动图形>文本"命令，创建文本，如图7-9所示。在"对象"选项卡的"文本"文本框中输入"巧克力"，设置"深度"为95cm、选择线条稍粗且边缘圆滑的字体，"对齐"方式为"中对齐"、"高度"为213cm，文字较厚才有巧克力的形体效果，设置"水平间隔"为-10cm，让文字更集中，如图7-10所示。效果如图7-11所示。

图7-9　　　　　　　图7-10

图7-11

02 切换到"封顶"选项卡，设置"顶端"和"末端"都为"圆角封顶"、"步幅"都为6、"半径"都

为1cm，勾选"约束"复选框，如图7-12所示。使文字边缘有轻微的倒角，如图7-13所示。

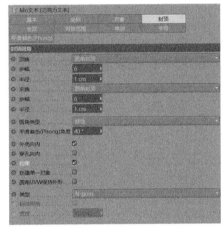

图7-12

图7-13

提示

字体的倒角不宜过大，否则后期融合时容易把文字笔画粘连在一起，无法分辨。

03 复制一个"文本"字体，把"文本"内容改为"DIY"，也选择稍粗的字体，高度不宜太高，其他参数保持不变，使用"移动"工具✥放置在"巧克力"文字的上方，如图7-14所示。

图7-14

04 创建一个圆弧样条把两组文字连在一起，体积建模工具可以识别样条。长按"画笔"图标，选择"圆弧"样条，如图7-15所示。在"对象"选项卡中设置"半径"为200cm、"开始角度"为0°、"结束角度"为180°、"平面"为"XY"、"点插值方式"为"细分"，生成体素后会比较均匀平滑，如图7-16所示。

图7-15

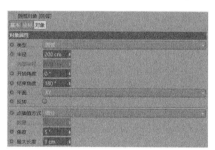

图7-16

05 使用"移动"工具把圆弧放置在文字之间，起连接作用，完成文字部分，如图7-17所示。此时可以加上"体积建模"工具进行测试，笔者选择完成所有元素后整体添加，读者可以根据习惯自行调整步骤的顺序。

图7-17

7.2.2 巧克力装饰

文字下方的巧克力装饰只需绘制大致轮廓，例如，甜甜圈用圆环，巧克力豆用球体，巧克力奶油用立方体，往下滴的流体巧克力用圆柱。基本的参数对象可以涵盖大致轮廓，重点是根据形体排布元素，文字偏厚的部分融化的巧克力更多，偏薄的地方没有液体滴落，形体穿插需遵循物理规律，注意大小和前后关系。

01 创建"圆环"对象，在"对象"选项卡中设置"圆环半径"为70cm、"导管半径"为40cm，把"圆环"设置为甜甜圈样式，如图7-18所示。使用"移动"工具和"旋转"工具把"圆环"置于文字下方，稍微倾斜带些动感，如图7-19所示。

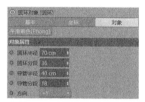

图7-18

图7-19

02 按住Ctrl键移动并复制出两个圆环，使用"缩放"工具改变圆环的大小，并放在其他文字的下方，如图7-20所示。此处模型可以穿插，因为后期都会融合在一起。

图7-20

03 创建两个"立方体"对象作为巧克力块，在"对象"选项卡中设置"尺寸.X"为90cm、"尺寸.Y"为70cm、"尺寸.Z"为45cm，勾选"圆角"复选框，设置"圆角半径"为6cm、"圆角细分"为5，给边缘制造明显的倒角，如图7-21所示。调整大小并旋转角度，放置在甜甜圈之间，在文字下方形成一排巧克力元素，起承接作用，如图7-22所示。

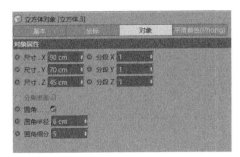

图7-21

图7-22

04 创建"球体"对象作为巧克力豆，设置"半径"为35cm，置于甜甜圈和巧克力块中间，后期融合时画面会更加顺滑。用"缩放"工具 调整球体尺寸，在甜甜圈上面也放置几个球体，做出被咬掉的模样，效果如图7-23所示。读者可以根据喜好随意调整，不必太过拘泥。

图7-23

05 创建"胶囊"对象，在"对象"选项卡中设置"半径"为15cm、"高度"为205cm，如图7-24所示。把胶囊做成长条状，模拟滴落的巧克力液体柱，使用"移动"工具 将其放置在巧克力块中间，并将胶囊的一头隐藏在巧克力块中，如图7-25所示。

图7-24

图7-25

06 复制几条胶囊，分别放在甜甜圈和巧克力块下方，注意偏短的胶囊较粗，偏长的胶囊较细，使后期的融化效果更加真实。读者可以想象实际的情况，也可以参考图片，注意胶囊的前后关系，让画面错落有致，如图7-26所示。

图7-26

7.2.3 场景和融化的液滴

参照效果图搭建背景、地面和地面上融化的液体，背景要与地面融合，可以直接创建类似摄影场景的 L 型背板，让交界处圆滑且没有接缝，步骤如下。

1.背景和地面

01 创建"平面"对象，在"对象"选项卡中设置"宽度"和"高度"都为3000cm、"宽度分段"和"高度分段"都为60，为使用变形器做准备，设置"方向"为"+Y"，如图7-27所示。使用"移动"工具将其放置在文字和巧克力装饰的下方，保持适当距离，为融化到地面上的巧克力液体留出空间，如图7-28所示。

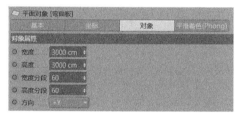

图7-27

图7-28

02 创建"扭曲"变形器，在对象面板中把"扭曲"变形器放入"平面"对象的子级中，在"对象"选项卡中，单击"匹配到父级"按钮，使变形器和平面匹配，设置"强度"为90°，如图7-29所示。

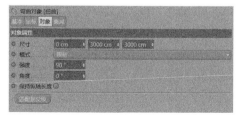

图7-29

03 此时平面已经发生了扭曲，如图7-30所示。如果读者制作时画面没有发生变化，那么需要检查平面的分段数够不够，分段不足时，"扭曲"变形器不会发生作用。目前的平面弧度太大了，不是理想的形状，使用"缩放"工具选中"扭曲"变形器，拖曳鼠标指针把它缩小至17%，平面就变成L型，交界处圆滑没有接缝，如图7-31所示。

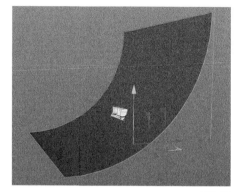

图7-30

图7-31

2.地面上融化的巧克力

滴落在地面上的巧克力像有厚度的圆盘，液体巧克力呈浓稠状，滴落后中心较厚、边缘慢慢向四周扩散变薄，可以用压扁的球体呈现，过程如下。

01 创建"球体"对象，在"对象"选项卡中设置"半径"为160cm、"分段"为48，分段数越高，表面越顺滑，如图7-32所示。

图7-32

02 长按层级选择栏的"模型"图标，切换为"对象"模式，如图7-33所示。使用"缩放"工具 ⊡ 拖曳绿色的 y 轴箭头把"球体"压扁为圆片状，放置在地面上，作为巧克力滴落的液体，如图7-34所示。

图7-33   图7-34

> **提示**
>
>   把参数模型压扁有两种方法：第1种是使用快捷键C把参数化对象转变为可编辑对象，使用"缩放"工具进行单轴向缩放；第2种是保留参数属性，切换为"对象"模式，然后使用"缩放"工具。

03 切换为"移动"工具 ✛，按住Ctrl键的同时向左拖曳球体的 x 轴箭头，复制一个球体，并适当缩小放在旁边，作为另一滩融化的巧克力，如图7-35所示。

图7-35

04 使用"移动"工具 ✛ 和"缩放"工具 ⊡ 复制多个压扁的"球体"，缩小并分散放置在地面周边，表现滴落状，如图7-36所示。放置时需对照上方巧克力的位置，使滴落的巧克力更真实合理，散布的数量可以随意，可参考图7-37所示的四视图，完成地面的融化巧克力元素的制作。

图7-36

图7-37

7.2.4 飞溅的巧克力球

    为了使画面更有动感，用"克隆"工具在字体周围添加一些飞溅的巧克力球。

01 创建"球体"对象，设置"半径"为14cm，使用快捷键C把球体转为可编辑模式，使用"缩放"工具 ⊡ 拖曳红色的 x 轴把"球体"变成两头稍尖的橄榄球状，如图7-38所示。

图7-38

02 选中椭圆"球体"，在键盘上按住Alt键的同时执行"运动图形>克隆 ❖"命令，在对象面板中把"球体"放入"克隆.1"的子级，在"对象"选项卡中设置"模式"为"网络排列"、"数量"分别是3、3和4，这个数量决定了飞溅的巧克力球数量，"尺寸"指分布的间距，设置3个数值分别为491cm、177cm和540cm，如图7-39所示。使所有的巧克力球分布在字体周围，如图7-40所示。

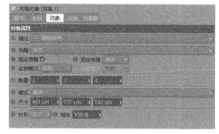

图7-39

图7-40

03 "克隆"得到的球体过分整齐，需要给"克隆"添加一个随机效果。执行"运动图形>效果器>随机"命令，在"参数"选项卡中勾选"位置"复选框，设置数值"P.X"为200cm、"P.Y"为230cm、"P.Z"为80cm，这是3个轴向上的随机距离；勾选"缩放"和"等比缩放"复选框，设置"缩放"数值为0.7，让球体尺寸有变化；勾选"旋转"复选框，可以随意修改三个轴向的数值，使球体在各个方向都有旋转角度，如图7-41所示。加入"随机"效果器后球体就在画面中散开了，完成了飞溅的巧克力球的制作，如图7-42所示。

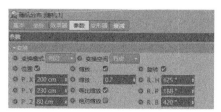

图7-41

图7-42

7.2.5 摄像机构图

所有的元素对象制作完成后，需要设置画面尺寸和摄像机进行构图。制作元素的过程中也可以提前添加摄像机，更直观地安排元素的位置，读者可以根据习惯自行调整步骤顺序。

01 单击"编辑渲染设置"图标，在"渲染设置"窗口中设置"渲染器"为"物理"，单击并进入"输出"通道，设置"宽度"和"高度"都为"2560像素"、"分辨率"为"300像素/英寸（DPI）"，如图7-43所示。

图7-43

02 进入"物理"通道，勾选"景深"复选框，设置"采样器"为"递增"、"递增模式"为"通道数"、"递增通道数"为50，如图7-44所示。

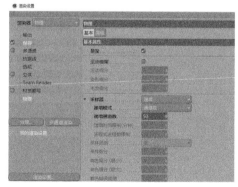

图7-44

03 关闭"渲染设置"窗口回到视图画面，按住Alt键的同时拖曳鼠标，调整画面角度，用鼠标滚轮调整距离，使文字"巧克力"置于画面中心，背景边缘超出画面，架设一台摄像机固定构图。单击"摄像机"对象，单击对象面板中"摄像机"对象后方的黑色准星图标，进入摄像机视角。在"对象"选项卡中设置"焦距"为"25宽角度（25毫米）"，单击"目标距离"的黑色箭头，此时鼠标指针在视图中呈十字标志，单击文字"巧克力"的中心位置，设定此处为焦点，"目标距离"会自动填入数值，如图7-45所示。

图7-45

04 切换到"物理"选项卡，设置"光圈"为0.1，光圈越大，虚化效果越明显，如图7-46所示。可

以渲染后查看焦点的位置是否准确，若不准确可以单击"目标距离"再次进行调整，画面能呈现景深效果即可，渲染效果如图7-47所示。

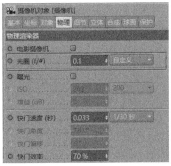

图7-46

图7-47

7.3) 体积建模

完成所需元素后就可以加入体积建模工具了，这样的顺序不会让计算机过分卡顿，修改也比较方便。

7.3.1 主体文字的体积生成

01 分别执行"体积>体积生成"和"体积>体积网格"命令，如图7-48所示。在对象面板中把"体积生成"放入"体积网格"的子级，然后把与巧克力相关的文字、巧克力豆、融化的巧克力液体等都放入"体积生成"的子级中，飞溅的巧克力球距离主体太远不需要融合，保持独立，如图7-49所示。如果此时计算机的计算速度变慢，那么可以关

闭"体积网格"效果，使移动画面更加顺滑，调整完成后再开启。

图7-48

图7-49

02 观察到视图中的模型有马赛克效果，表明体素太大，需要在对象面板中单击"体积生成"对象，在属性面板中修改"体素尺寸"为2cm，视图中的融合对象就变得清晰了，如图7-50所示。

图7-50

03 在属性面板中单击"平滑层"，给模型增加平滑效果。在"对象"选项卡中把"平滑层"放置在所有对象的顶端，让每一个元素都有平滑效果。添加"平滑层"后，设置"滤镜"的"强度"为65%，不宜过分圆滑，否则会看不出文字，设置"迭代"的次数为2，这个参数是平滑的计算次数，可以让模型更精致，如图7-51所示，效果如图7-52所示。

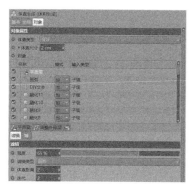

图7-51

图7-52

提示

"平滑层"只对位于下方的对象起作用，把它置于顶端，下方所有的对象都会出现平滑效果，不需要平滑效果的对象要放置在"平滑层"上方。

04 DIY和巧克力两组文字的连接圆弧较粗，需要让它变细，在"对象"选项卡中单击"圆弧"，修改"半径"为8cm，如图7-53所示。但是平滑的效果会让细线条断开，因此需要将"圆弧"和"DIY文本"移出平滑层，让这两个元素相对独立，再为它们单独添加"平滑层"。

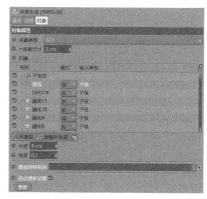

图7-53

05 在"对象"选项卡中单击"文件夹"图标，把"圆弧"和"DIY文本"放入文件夹中，然后单击创建"平滑层"并置于文件夹内部的顶层，如图7-54所示。修改"平滑层"的"强度"为71%，不调整迭代次数，这个"平滑层"只作用于文件夹内部的对象，如图7-55所示，效果如图7-56所示。需要单独设置对象的平滑程度时，都可以使用这个方法。

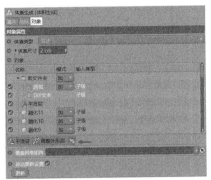

图7-54

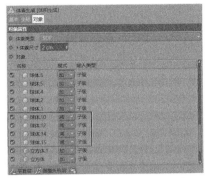

图7-57

图7-55

图7-58

图7-56

06 在"对象"选项卡中，选中几个位于甜甜圈和巧克力块上的"球体"，设置它们的"模式"为"减"，如图7-57所示。让这些球体凹进去，做出被咬了一口的效果，让细节更丰富，如图7-58所示。

7.3.2 主体文字的体积网格调整

整体调整完成后就可以打开"体积网格"效果了，如图 7-59 所示。两个对象之间的距离很重要，距离太远会没有融合效果，距离太近会糊在一起，使用"移动"工具 调整距离，使用"缩放"工具 调整对象的尺寸大小和样条粗细，对象物体表面的分段数影响着模型的精致程度。调整过程需要耐心，如果移动时计算机的计算太慢，可以暂时关闭"体积生成"效果，完成调整后再打开。

需要注意物体的合理性，液体滴落到地面，地面才能形成融化的巧克力，上下需要对应。模拟现实物体的作品不能太天马行空，有实际空间合理性的作品才会更耐看。

图7-59

在"对象"选项卡中有两个可以调整的参数。

- **体素范围阈值**：可以调整整体模型的融合范围，通常设置50%。
- **自适应**：这是一个关键参数，与"减面"造型器的作用相似，能把模型表面组成的面简化为四边面。

执行"显示>光影着色（线条）"命令，如图7-60所示。把"显示"模式改为"线条"模式，视图中可以看到模型表面细密的分段线，如图7-61所示。

图7-60

图7-61

分段线的密度太大会加重计算机的计算量，修改"自适应"数值为0.1%，既可以减少分段面，又不会让模型变得粗糙，如图7-62所示。可以看到分段线自适应地分布在模型上，完全平整的部分分段数较少，转角处分段数较多，如图7-63所示。

图7-62

图7-63

7.3.3 制作糖豆

模型还需要一些经常与巧克力糕点搭配的彩色糖豆。

创建"球体"对象，设置"半径"为3.5cm，选中"球体"，在键盘上按住Alt键执行"运动图形>克隆"命令，使球体位于"克隆"的子级。在"对象"选项卡中设置"模式"为"对象"，然后把对象面板中的"体积网格"放入"对象"下拉列表框中，使球体被克隆到巧克力网格的表面，设置"数量"为97，如图7-64所示。完成附着在巧克力表面的装饰，效果如图7-65所示。

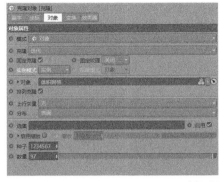

图7-64

图7-65

本节使用节点材质制作相关材质。

7.4.1 巧克力材质和糖豆材质

Cinema 4D R20 的节点材质虽然是新功能，但很贴心地封装了预设的材质球，很实用也很方便。例如，巧克力材质属于不强烈的反射材质，类似塑料，这个材质已经被封装在预设中，可以直接调用。

1.巧克力材质

在材质面板中执行"创建 > 节点材质 > 塑料"命令，创建一个预置的塑料节点材质球，如图 7-66 所示。双击材质球打开"材质编辑器"窗口，虽然是节点材质，但被封装成传统的通道材质，设置"基本"通道中"颜色"的数值为"H"为 9°、"S"为 73%、"V"为 22%，得到一个巧克力色，如图 7-67 所示。

图7-66

图7-67

将巧克力材质放到"体积网格"上，给飞溅的巧克力球也赋予这个材质，渲染后查看反射程度是否足够，如果需要更强烈的反射，可以在"材质编辑器"窗口中修改"反射"通道的数值。本案例巧克力材质的应用效果如图 7-68所示，反射效果没问题，不用调整。

图7-68

2.糖豆材质

彩色糖豆也可以使用这个材质制作，复制三个并修改颜色，数值可以随意调整，颜色鲜艳、明度较高即可。此处创建了三个颜色，黄色材质的数值"H"为40°、"S"为93%、"V"为93%；红色材质的数值"H"为1°、"S"为93%、"V"为100%；蓝色材质的"H"为190°、"S"为93%、"V"为100%，如图7-69所示。

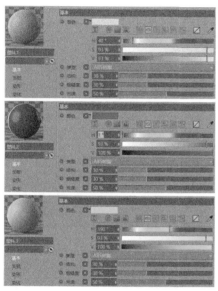

图7-69

由于糖豆是克隆得到的，因此不能直接把材质放在对象面板中的"克隆"对象上，需要在"克隆"对象的子级中复制几个小球，给每个小球赋予不同的颜色材质，然后再进行克隆就能得到彩色的糖豆。此处复制了三个，分别赋予不同的颜色，为了丰富画面，又创建了一个预置的"黄金"节点材质，如图7-70所示。完成附着在巧克力表面的糖豆的材质制作后，拉近镜头能看得更清晰，效果如图7-71所示。

图7-70

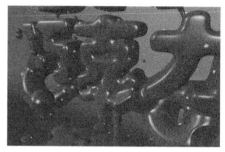

图7-71

3.背景材质

背景需要巧克力色的无反射材质，双击材质面板中的空白处创建基础材质，打开"材质编辑器"窗口，只勾选"颜色"通道，单击"纹理"小三角，选择"渐变"，如图7-72所示。单击"渐变"进入"着色器"选项卡，设置"类型"为"二维-圆形"，将颜色改为中心浅、四周深的巧克力色，如图7-73所示。把它拖曳至L型弯曲背景板上，画面更加完整，如图7-74所示。

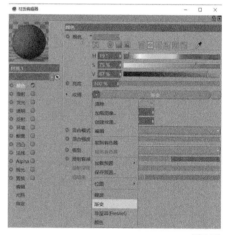

图7-72

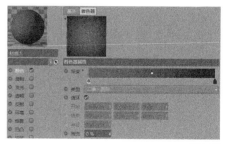

图7-73

图7-74

7.4.2 凹凸的奶油材质

铺设完大面积的颜色后，画面略显平淡，还需要一些作为装饰的细节材质，如奶油液体。此材质需要使用节点材质并手动编辑，比前文使用的材质更加复杂，方法如下。

01 在材质面板中执行"创建>新节点材质"命令，双击材质球打开"节点编辑器"窗口，在"资源"视窗输入"颜色"，搜索并选择"颜色"节点，如图7-75所示。在属性面板中设置"颜色"为奶油色，数值"H"为14°、"S"为77%、"V"为56%，如图7-76所示。将"颜色"节点的"结果"端口输出到"Diffuse.1"节点的"颜色"端口，如图7-77所示。

图7-75

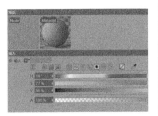

图7-76

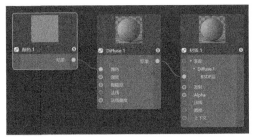

图7-77

02 选中主材质球，单击属性面板中"添加"按钮后方的小三角，添加一个"BSDF"材质，如图7-78所示。选中新添加的节点，在属性面板中设置"BSDF类型"为"GGX"、"菲涅尔"为"绝缘体"、"预设"为"油（植物）"，如图7-79所示。

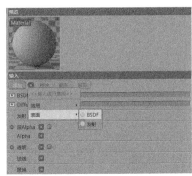

图7-78

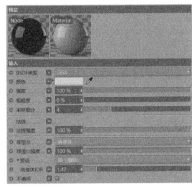

图7-79

03 给材质添加起伏的纹理，平时可以搜集黑白纹理贴图备用，此处需要形态流动的曲线，模拟奶油在巧克力中融化流动的感觉。在"资源"视窗搜索"图像"，选择"图像"节点，如图7-80所示。在属性面板中的"文件"中添加一张黑白图片，如图7-81所示。在"资源"视窗中搜索"置换"，选择"置换"节点，如图7-82所示。

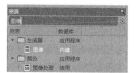

图7-80

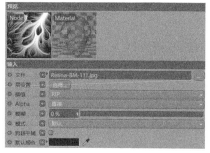

图7-81

图7-82

04 把"图像"节点的"结果"端口与"置换"节点的"数值"端口相连,把"置换"节点的"结果"端口与主材质球的"置换"端口相连,目前节点的分布如图7-83所示。在预览中可以看到材质球表面有了很大的起伏变化,说明"置换"节点已经发挥作用了,但是起伏太大,奶油应该是柔和顺滑的起伏状态。选中"置换"节点,在属性面板中修改"强度"为32%,预览窗口中的材质球变得比较柔和了,如图7-84所示。

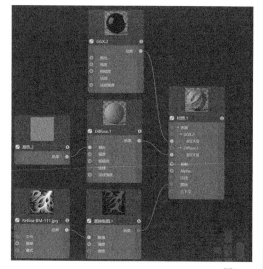

图7-83

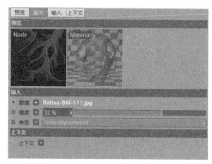

图7-84

05 材质的置换效果根据黑白贴图的信息发生变化,图片的白色区域使材质凸起,黑色区域使材质下凹。现在只需保留凸起的奶油部分,希望下凹的部分能透出巧克力材质。把"图像"节点的"结果"端口连接到主材质的"Alpha"端口,即透明度选项,如图7-85所示。此时就变成了图片的黑色区域透明,白色区域正常显示的材质,正常显示的部分与置换的凸起部分一致,完成融化的奶油材质。

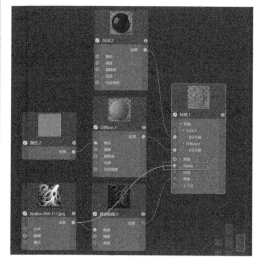

图7-85

06 关闭"节点编辑器"窗口,把奶油材质赋予"巧克力体积网格"对象和"飞溅的巧克力豆克隆"对象,奶油材质需要放置在巧克力材质的后面,如图7-86所示。

图7-86

07 单击"巧克力体积网格"对象的奶油材质，在属性面板中修改"投射"方式为"空间"、"偏移U"为0%、"偏移V"为17%、"长度U"为300%、"长度V"为200%，如图7-87所示。纹理在巧克力上呈现得更加漂亮了。读者可以根据喜好自行调整参数，完成材质添加，效果如图7-88所示。

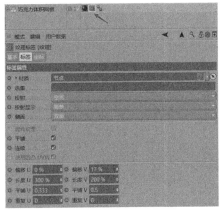

图7-87

图7-88

7.5 环境与灯光

本节将搭建小型场景的灯光，配合 HDR 天空和"全局光照"等环境，实现整体照明。

7.5.1 三点布光

本案例属于室内小场景，可以使用三点布光法，布置左侧光、右侧光和顶光，基本能满足场景的光照需求，偏暗的部分适当增加补光即可。

01 长按常用工具栏的"灯光"图标，选择"PBR灯光"，这个灯光会预置阴影效果参数，少量调整即可。因为这幅作品的材质色彩较单一，所以希望灯光环境方面有色彩变化，需要给灯光添加颜色，不使用单纯的日光灯。

02 选中"PBR灯光"，在"常规"选项卡中设置"颜色"为橙色，数值"H"为19°、"S"为61%、"V"为100%，"强度"为120%，作为主光源，食物还是用暖色且偏亮的光线效果最佳，如图7-89所示。将灯光放置在主体的左前方，稍微拉长形状达到照亮画面上下的状态，如图7-90所示。

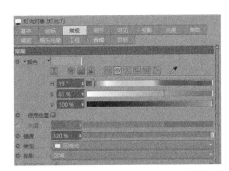

图7-89

图7-90

03 复制一盏灯放在右边，修改颜色为偏冷的紫色，数值"H"为241°、"S"为39%、"V"为100%，饱和度不宜太高，否则显得画面不够真实，修改"强度"为91%，作为辅助光，区别于主光源，如图7-91所示。调整其大小和位置，贴近主体，照亮模型侧面并形成光带，位置参考如图7-92所示。

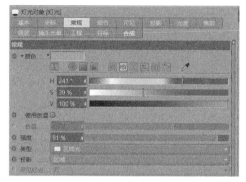

图7-91

图7-92

04 再次复制一盏灯放在顶部，修改颜色为偏暖且偏淡的黄色，数值"H"为31°、"S"为22%、"V"为100%，强度不变，如图7-93所示。将其放置在画面上方，稍微缩小形状，在物体上方形成一圈轮廓光，与背景区分，位置参考如图7-94所示。

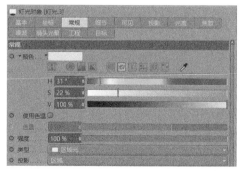

图7-93

图7-94

05 背景也需要光照，单击"灯光"图标🔆创建一盏普通灯，在"常规"选项卡中设置"投影"类型为"区域"，如图7-95所示。切换到"细节"选项卡，设置"形状"为"圆盘"，避免出现棱角，设置"衰减"为"平方倒数（物理精度）"，让灯光更真实好看，如图7-96所示。

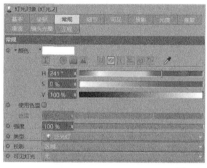

图7-95

图7-96

06 把"灯光.2"上下居中放置在背景和主体中间，衰减范围使灯光正好包围主体，也不会让背景曝光，如图7-97所示。完成所有的灯光，效果如图7-98所示。

图7-97

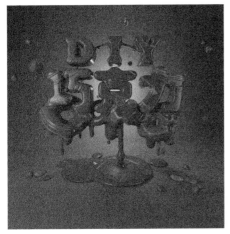

图7-98

7.5.2 全局光照与环境吸收

观察渲染效果，出现了漆黑的面，因此需要添加"全局光照"和"环境吸收"效果，使物体之间的阴影更真实且符合自然的环境。

01 在"渲染设置"窗口中单击"效果"按钮 ，选择"全局光照"，进入"全局光照"通道，设置"预设"为"室内-高品质（小型光源）"，如图7-99所示。

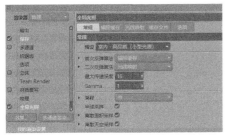

图7-99

02 继续单击"效果"按钮，选择"环境吸收"，进入"环境吸收"通道，设置"颜色"的黑色滑块为深巧克力色，数值"H"为12°、"S"为55%、"V"为40%，如图7-100所示。使阴影处不再一片漆黑，反而呈现暖咖色，使画面更加通透。

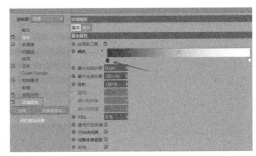

图7-100

7.5.3 HDR环境

渲染设置完成后，为了反射材质有更多可反射的光源，还可以加入 HDR 环境，增加材质的光泽感。

01 长按"地面"图标 选择"天空"，如图7-101所示。

图7-101

02 创建一个基础材质球，在"材质编辑器"窗口中取消默认勾选的"颜色"和"反射"通道，只勾选"发光"通道，在"发光"通道中单击"纹理"小三角，选择"加载图像"，即可加载HDR贴图文件，如图7-102所示。笔者选择了一张纯光源的HDR图片，如图7-103所示。

图7-102

图7-103

03 得到一个HDR贴图的发光材质，放置在对象面板中的"天空"上，视图中场景天空被赋予了HDR贴图，可以使用"旋转"工具旋转天空，调整天空光源的位置，使其与主体光源保持和谐，如图7-104所示。

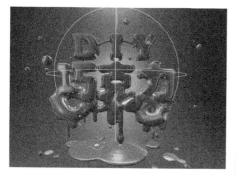

图7-104

04 天空光源只需在材质反射时起作用即可，不需要在场景中显示天空背景，在对象面板中右击"天空"，在弹出的快捷菜单中执行"CINEMA 4D标签>合成"命令，如图7-105所示。在"标签"选项卡中取消勾选"摄像机可见"复选框，如图7-106所示。即可取消场景中天空背景的可见，但反射和折射不变，HDR天空的设置完成。

图7-105

图7-106

7.6 渲染输出

完成环境与灯光的设置后，可以直接预览效果，有景深的画面需要确定焦距的位置，否则稍微调整画面的尺寸和距离都会使焦点发生偏移。

仔细观察预览图是否正确，待焦距调试准确后，单击"渲染到图片查看器"图标█或者使用快捷键Shift+E，即可在"图片查看器"窗口查看渲染效果，如图7-107所示。

软件会按照设定的通道数进行渲染，当进程数为50时会停止渲染，待"历史"选项卡出现绿点时表明渲染完成。单击"图片查看器"面板中左上方的"保存"图标，在"保存"通道中修改"格式"为"PNG"即可保存出图。因为本次渲染的图片有置换效果，所以渲染时间相对较长，设置通道数为50即可，时间足够时可以设置更多通道数，以达到更好的效果。当预览图达到理想效果时，可以按下"停止渲染"图标█提前停止渲染。

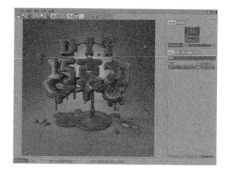

图7-107

7.7 后期合成

渲染出图后还需要后期调色和排版，使作品达到最好的效果。

7.7.1 Photoshop调色

01 使用Photoshop打开图片，在"图层"面板中右击图层，执行"转换为智能对象"命令，使后续步骤能对图片进行改变，如图7-108所示。

02 执行"滤镜>Camera Raw 滤镜"命令，如图7-109所示，或者使用快捷键Shift+Ctrl+A打开"Camera Raw 滤镜"窗口。

图7-108　　　　　图7-109

03 在窗口中设置"色温"为+7、"色调"为+18、"曝光"为+0.15、"清晰度"为+30、"对比度"为+8，让画面色调偏暖，同时改变画面偏灰的情况，但曝光不宜太过，需要根据画面效果慢慢调整数值，如图7-110所示。案例中的数值仅供参考，读者可以根据渲染图片的实际效果进行调整。

图7-110

04 切换到"fx效果"选项卡，设置"裁剪后晕影"的"数量"为-10，给画面增加暗角效果，如图7-111所示。最终画面效果如图7-112所示。

图7-111

图7-112

160

7.7.2 文字合成

画面调色完成后，可以简单加入文字或者 Logo 做成一张竖版的商业海报或者横板的公众号头图，如图 7-113 所示。方形构图便于后期修改，构图时需要考虑到图片是否具备可延展性，以及能否更好地适应现在多元化的设计市场。添加的文字需要色调一致，最简单的方法是在原图上吸取相应的颜色，使整体海报和谐统一。

图7-113

7.8 案例拓展

体积建模方法是 Cinema 4D R20 的一大飞跃，这个方法便于辅助建模，使模拟甜点类建模变得非常方便，如图 7-114 和图 7-115 所示。这两张卡通甜点作品使用参数化对象进行堆叠，使用"体积建模"工具平滑融合。

图7-114

图7-115

甜筒的格子需要使用"晶格"造型和"圆锥"对象制作，如图7-116所示。冰激凌则是由"螺旋"样条和"花瓣"样条扫描而成，在冰激凌的顶端和边缘添加一些小球，整体放入"体积网格"中，就会形成漂亮的冰激凌形状，如图7-117所示。

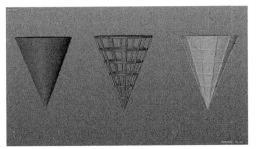

图7-116

图7-117

蛋糕上面的奶油拉花和冰激凌非常相似，同样使用"螺旋"样条和"花瓣"样条扫描制作，调整"螺旋"样条顶端半径和底端半径，然后放入"体积生成"中就形成了旋转的奶油拉花，如图7-118所示。

图7-118

此方法还能应用于其他产品建模，读者可以多多尝试。熟悉体积建模后，读者可将其与烟雾或流体等插件组合使用，制作更加惊艳的作品。

第 **8** 章

制作心形抱枕的海报

本章学习要点

内置毛发系统的使用方法　　使用多种选择工具　　分选集的方法　　应用"公式"变形器

本章通过制作几个悬挂的毛茸茸的桃心，讲解 Cinema 4D R20 的毛发系统，熟悉毛发生成和样式调节，如图 8-1 所示。

图8-1

8.1.1 毛发系统

Cinema 4D 最早被誉为"新一代三维动画制作软件"。动画中的人物少不了头发，故而 Cinema 4D 的毛发系统也不可或缺，它同样秉承了简单易用且功能齐全的设计思路。

给模型添加毛发的方法很简单，"模拟"菜单中有一半都是毛发工具，其中"毛发对象"菜单的第一项就是"添加毛发"，另外两项是"羽毛对象"和"绒毛"，如图 8-2 所示。相比"添加毛发"，"羽毛对象"和"绒毛"应用较少。

图8-2

尝试如下操作并观察毛发的变化。

01 创建"球体"对象，执行"模拟>毛发对象>添加毛发"命令，在视图中可以看到球体四周都出现了放射线，这是毛发的引导线，所有的毛发都会沿着引导线生成。对象面板中出现了带有毛发材质的"毛发"对象，材质栏也出现了一个毛发材质球，这些是添加毛发后的变化，如图8-3所示。渲染后看到略带光泽的毛发效果，但这是没有经过调节的默认效果，略显粗糙，也不够美观，如图8-4所示。在实际应用中应细致地调节每个参数，实现不同的效果。

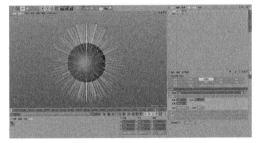

图8-3

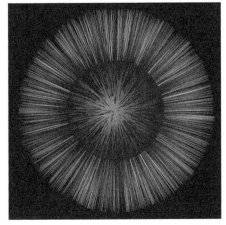

图8-4

02 单击时间轴的绿色按钮，可以看到所有的毛发都受到默认重力的影响垂了下来，如图8-5和图8-6所示，并出现反弹动画。

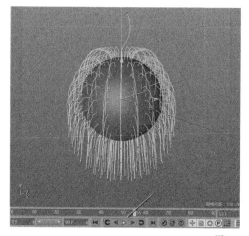

图8-5

图8-6

通过以上操作可知 Cinema 4D R20 的毛发系统有自动创建毛发材质球和自带动力学效果两个特点。这两个特点会影响毛发材质最终的呈现效果，笔者会在案例中详细介绍。接下来简单介绍"模拟"菜单中的几组工具，虽然使用较少，但需了解其大致的用法，以备不时之需。

打开"模拟"菜单，在"毛发对象"下方有几组与毛发相关的工具。

• **毛发模式**：其中"发根""发梢""点"等都是毛发的可选择位置，引导线的顶端叫"发梢"，靠近球体的根部叫"发根"，引导线上每一组的点叫"点"，如图8-7所示。

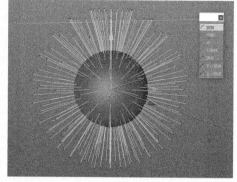

图8-7

• **毛发编辑**：此处有两个重要工具：一个是"毛发转为样条"，将现有毛发变成可编辑的样条，不受动力学控制；另一个是与之相反的"样条转为毛发"，将用户绘制的样条转为毛发，可应用毛发材质，受动力学的影响，如图8-8所示。菜单中的"设为动力学状态"也很实用，能固定某一帧动画停止的动力学状态，例如，只保留某一帧毛发下垂的样子。

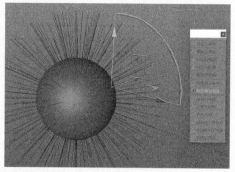

图8-8

• **毛发选择**：与"实时选择"和"框选"等模型选择工具用法相同，区别在于这一组工具是专为毛发对象而设，选择使用后才能编辑毛发的点与线，使用毛发的"实时选择"工具选中几个点，这些点将以高亮显示，如图8-9所示。

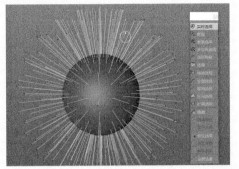

图8-9

- 毛发工具：用于修理毛发，前三项"移动""缩放""旋转"工具与模型工具的用法相同，它们可以处理"毛发选择"工具选出的点，如图8-10所示。"毛刷"工具非常实用，像刷子一样，可以随意刷出各种形状，"集束"和"卷曲"等工具都是相应效果的毛发修理工具，读者可以逐一尝试，在操作中理解它们的用法。

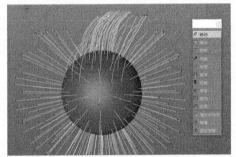

图8-10

- 毛发选项：配合"毛发选择"等工具一起使用，可以使用"对称"选择，也可以使用"软选择"。红色部分就是可被移动的区域，蓝色是受影响逐渐减少的区域，黑色是不受影响区域，管理器可以调节对应参数，如图8-11所示。

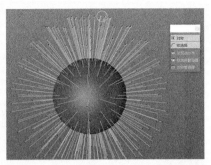

图8-11

大致了解这些工具即可，更多调整需要在材质和动力学方面进行。要想达到理想的效果，读者还可以搭配多种工具使用，提高工作效率。

8.1.2 构思草图和配色

本章希望展现毛发工具的不同效果，因此需要制作三个不同花纹和配色的心形，形状类似抱枕，用红线悬挂展示，让画面构成一种规整的形式美。因为毛发让人感觉温暖，所以选择配色时以暖色为主，读者可以自行选择喜欢的颜色。创作前可以在网络上参考一些毛茸茸的抱枕设计造型，此处不再一一列举。本次案例的配色方案如图 8-12 所示。

图8-12

8.2 搭建主体对象

优先制作需要添加毛发的模型，注意建模时常用的分选集的方法。

8.2.1 桃心模型

心形是由圆球做成的,操作简单,步骤如下。

01 创建一个"球体"对象,在属性面板中设置"分段"为36,在视图中执行"显示>光影着色(线条)"命令,可显示球体的分段线,分段越多球体越光滑,如图8-13所示。

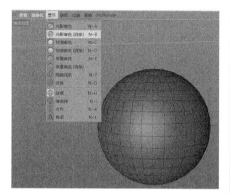

图8-13

02 长按常用工具栏的"扭曲"图标选择"公式"变形器,如图8-14所示。在对象面板把"公式"变形器放入"球体"的子级,给"球体"添加"公式"变形器,视图中球体已经发生了变化,如图8-15所示。

图8-14

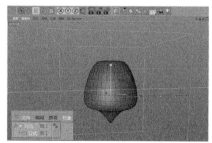

图8-15

03 在"对象"选项卡中设置"尺寸"的3个数值分别为4000cm、400cm和900cm,其他参数不

变,如图8-16所示。视图中球体已经变成了心形,如图8-17所示。

图8-16

图8-17

04 旋转时看到这个心形偏厚,需要将其变薄一些。长按层级选择栏的"模型"图标,选择"对象"编辑模式,选中"球体"对象,使用"缩放"工具拖曳 x 轴的红色手柄,将心形稍微压扁,完成心形模型,如图8-18所示。

图8-18

> **提示**
> 如果变形器影响了视线,可以右击心形,执行"当前状态转对象"命令,把它转化为可编辑图形,便于后期操作。

05 选择"移动"工具,按住Ctrl键并向上拖曳心形模型的 x 轴手柄,复制两个心形,分别命名为"心形1""心形2""心形3"。使用快捷键F5切换为四视图,调整它们的前后空间位置,互相错开，不能穿插，但需要有轻微的遮挡效果，如图8-19所示。

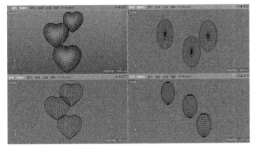

图8-19

8.2.2 给桃心分选集

为了让模型生成不同颜色的毛发，需要选出不同颜色的区域并做上记号，便于赋予不同颜色的材质。Cinema 4D R20 中有一套简单好用的选择工具，可以智能地识别不同区域的点、线和面，并把已选择的对象固定选集，操作方法如下。

01 选中心形"模型1"，单击层级选择栏的"多边形"图标切换为"面"层级，执行"选择>循环选择"命令，如图8-20所示。这个工具能自动识别循环面，可以纵向循环，也可以横向循环，当鼠标指针放置在模型的面上，可选择区域会以高亮显示，如图8-21所示。被选中的区域会以黄色高亮显示，按住Shift键加选几条循环面，然后间隔几条再加选，形成条纹状，如图8-22所示。

图8-20

图8-21

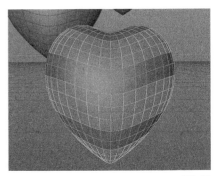

图8-22

提示

选择点、线和面的时候，使用 Shift 键加选，使用 Ctrl 键减选。

02 选中后执行"选择>设置选集"命令，如图8-23所示。为选中的面创建一个"选集"标签，对象面板中可以看到对应的模型对象后面出现橙色的三角标记，如图8-24所示，双击后选中的固定面会高亮显示。

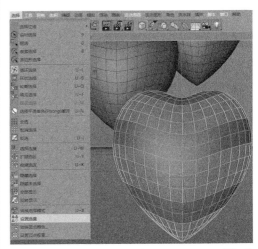

图8-23

图8-24

03 执行"选择>反选"命令，可以快速选中模型上剩余的面，如图8-25所示。在对象面板中单击其他标签，退出该模型第一个选集的高亮显示，然后执行"选择>设置选集"命令，完成第二个选集。

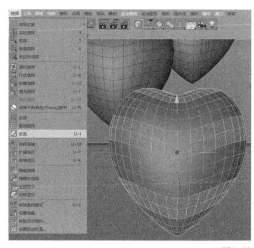

图8-25

提示

在同一个模型中设置第二个选集时，反选后需要单击对象面板中的其他标签，退出第一个选集模式，然后设置新选集，否则可能会把第一个选集覆盖。

04 选中第二个桃心模型，切换为"实时选择"工具 ，按住Shift键随机加选第二颗心形上的面，如图8-26所示。执行"选择>设置选集"命令 ，为选出的面添加"选集"标签。

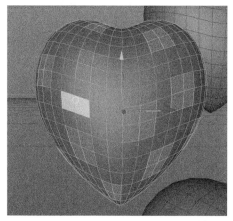

图8-26

05 执行"选择>反选"命令，选中模型上剩余的面，如图8-27所示。在对象面板中单击其他标签，退出该模型第一个选集的高亮显示，然后执行"选择>设置选集"命令 ，创建完成第二颗心形的两个选集。

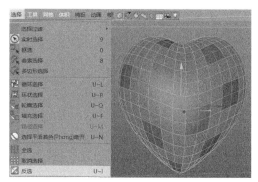

图8-27

06 选中第三颗心，执行"选择>环状选择"命令，选中两侧纵向的面，如图8-28所示。切换为"实时选择"工具 ，按住Shift键加选中心图案，如图8-29所示。执行"选择>设置选集"命令 创建选集。

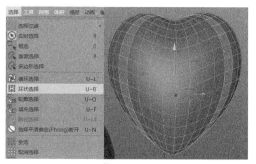

图8-28

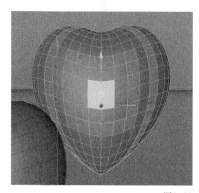

图8-29

07 执行"选择>反选"命令，选中模型上剩余的面，如图8-30所示。在对象面板中单击其他标签，退出该模型第一个选集的高亮显示，执行"选择>设置选集"命令，完成第三颗心的两个选集。至此，对象面板中的每个心形模型后面都有两个选集标签，如图8-31所示。

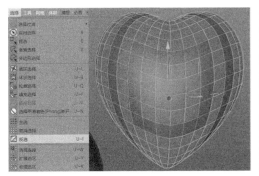

图8-30

图8-31

8.2.3 小桃心模型

本小节制作挂绳和小桃心等装饰物。

1.挂绳

创建"圆柱"对象,在属性面板中的"对象"选项卡中,设置"半径"为1cm、"高度"为400cm,做成很细的线状圆柱体,如图8-32所示。使用"移动"工具 把圆柱放置在心形模型顶端的凹陷处,呈现悬挂的模样,如图8-33所示。复制两个圆柱,放置在另外两个心形模型的顶端,完成三颗心的挂绳,如图8-34所示。

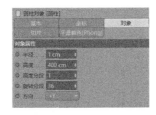

图8-32

图8-33

图8-34

2.挂饰

01 使用快捷键Ctrl+C和Ctrl+V复制一组心形和挂绳,然后使用"缩放"工具 使其缩小,如图8-35所示。

图8-35

02 执行"运动图形>克隆 "命令,在对象面板中把复制的小桃心和挂绳放入"克隆"的子级,在属性面板中的"对象"选项卡中设置"模式"为"网格排列","数量"为3、2和3,"尺寸"为319cm、190cm和260cm,如图8-36所示。使挂饰在主体周围分散排布,如图8-37所示。

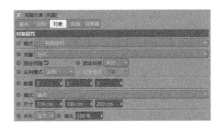

图8-36

图8-37

03 选中"克隆"对象，执行"运动图形>效果>随机🐾"命令，为"克隆"添加"随机"效果器。在属性面板中的"参数"选项卡中勾选"位置"复选框，设置"P.X"为98cm、"P.Y"为73cm、"P.Z"为38cm，勾选"缩放"和"等比缩放"复选框，设置"缩放"比例为0.43，如图8-38所示。使挂饰有位置和大小的随机变化，但不会与主模型交叉，如图8-39所示。

图8-38

图8-39

8.2.4 摄像机构图

所有的元素对象制作完成后，需要设置画面尺寸和摄像机进行构图，便于后期操作。

01 设置画面尺寸，单击"编辑渲染设置"图标，在"输出"通道的"预置"中选择"A4"，适合打印输出，如图8-40所示。

图8-40

02 回到视图窗口，按住Alt键的同时拖曳鼠标，调整画面角度，用鼠标滚轮调整距离，让主体位于画面中心，架设一台摄像机固定构图。单击"摄像机"对象，单击对象面板中的"摄像机"对象后方的黑色准星图标，使其变成白色，进入摄像机视角，如图8-41所示。

图8-41

03 本场景依旧不需要夸张的透视，轻微透视不会让物体严重变形，因此只需要调整摄像机焦距。单击对象面板中的"摄像机"，在"对象"选项卡中设置"焦距"为"80肖像（80毫米）"，如图8-42所示。回到视图中再次调整画面、固定构图，中心的浅色区域就是最终的渲染区域，如图8-43所示。

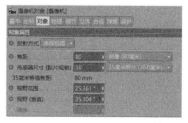

图8-42

图8-43

04 在对象面板中右击"摄像机",在弹出的快捷菜单中执行"CINEMA 4D标签>保护"命令,给摄像机添加一个"保护"标签,锁定画面,如图8-44所示。在此状态下无法移动画面,可以退出摄像机视角进行调整。

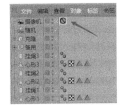

图8-44

8.2.5 加入文字

为了让画面更丰富完整,可以在画面中加入文字。除了后期合成外,还可以直接在Cinema 4D R20中加入文字,将文字融入画面效果。文字可以根据需要进行添加,本案例为了配合案例氛围,加入"温暖如初"4个字,摆放在模型周围。

01 执行"运动图形>文本 ⊤"命令,在"对象"选项卡的"文本"文本框输入"温"字,设置"深度"为10cm、"高度"为111cm、选择较粗的字体,如图8-45所示。将这个文字复制3次,修改"文本"文本框中的文字,得到"温暖如初"4个独立的文字,如图8-46所示。

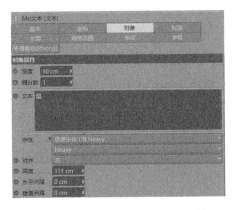

图8-45

图8-46

02 使用"移动"工具 把4个文字放置在模型的四周,有前有后,并且稍加遮挡,营造出空间感,但模型之间不能穿插,效果如图8-47所示。

图8-47

03 此处需要一个L型的背景板,可以直接复制前章案例的背景,也可以使用"平面"对象和"扭曲"变形器重新制作。将背景放在主体的背后,地面与模型之间需要保持适当距离,以表现悬挂起来的状态,如图8-48所示。

图8-48

提示

　　模型离地面不宜太远，否则看不到投影，也无法表现悬挂感。如果想快速查看投影的位置，可以执行"选项 > 投影"命令，在视图中会直接模拟投影效果，方便查看。

8.3 添加毛发

完成所有的元素并分好选集后，就可以开始添加毛发了。

8.3.1 给模型添加毛发

01 为了模型表面更加光滑，可以在添加毛发之前给心形模型增加分段线。给每个心形模型添加"细分曲面"工具，在"对象"选项卡设置"编辑器细分"和"渲染器细分"都为1，模型的分段线增加了一倍，此后添加的毛发会更加浓密漂亮，如图8-49所示。在对象面板中右击"细分曲面"，在弹出的快捷菜单中执行"当前状态转对象"命令，将"细分"变为模型，如图8-50所示。

图8-50

图8-49

02 在对象面板中选择画面位置靠前的心形模型1，双击其中一个选集标签，设定的选集便会以高亮显示，如图8-51所示。执行"模拟>毛发对象>添加毛发"命令，为模型中选中的高亮区域添加毛发引导线。

图8-51

03 在"引导线"选项卡中设置"长度"为
10cm，稍短的毛发才会有毛茸茸的效果，如图
8-52所示。在"毛发"选项卡中设置"数量"为
200000，如图8-53所示，这个数值决定毛发的
浓密程度，如果渲染速度较慢，可在预览阶段减少
数量，最终出图时再精确设置。在"影响"选项卡
中设置"重力"为-2，让毛发重力轻一些，如图
8-54所示。

图8-52

图8-53

图8-54

04 单击时间轴的"向前播放"图标，看到毛发稍
微下垂即可停止，大约7帧，如图8-55所示。然
后单击"渲染活动视图"图标，查看毛发状态是
否合适，如图8-56所示。

图8-55

图8-56

05 用同样的方法给所有的心形模型选集添加相同
的毛发设置，每一个选集都单独命名，避免混乱。
同一个模型的两个选集毛发长度可以稍有差别，例
如，设置"选集2"的"引导线"选项卡中的"长
度"为11cm，使毛发有细微的长短变化，预览如
图8-57所示。也需要播放动画到7帧左右，使毛
发微微下垂，效果更真实。

图8-57

8.3.2 调节毛发材质

前期设置已经完成，可以给毛发上色了。

双击心形模型1的毛发材质球，打开"材质编辑器"窗口，设置内容如下。

1.颜色

"颜色"通道决定毛发的固有色，观察默认的黑棕色渐变条可以得知，需要设置发根到发梢的渐变颜色，根据色卡设置颜色为紫色，左边滑块偏深，右边滑块偏浅，如图8-58所示。

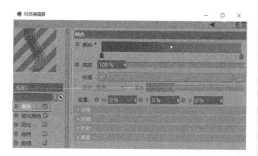

图8-58

2.高光

"高光"通道中的"颜色"是毛发反射出的高光色彩，纯度不用太高，需要根据画面整体的光照颜色进行调节，此处使用浅红色，如图8-59所示。

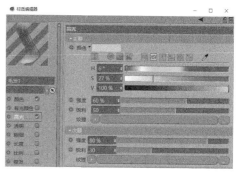

图8-59

3.粗细

"粗细"通道中"发根"和"发梢"的尺寸决定毛发的粗细，发根较粗能避免从毛发的间隙透出内部模型，发梢较细可以使毛发看起来更精细。数值保持不变，下拉曲线的右端使发梢变细，如图8-60所示。

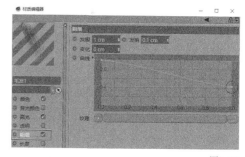

图8-60

4.集束

"集束"通道让毛发看起来有整齐的韵律感，设置"半径"为30cm、"变化"为60%，给效果增加一些随机效果性，不要太生硬，如图8-61所示。

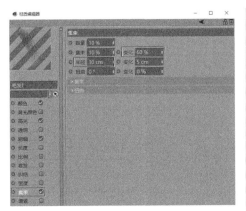

图8-61

5.波浪

"波浪"通道就像给毛发烫了卷发，可以设置"大波浪"或"玉米卷"。本案例只需轻微的波浪即可，设置"波浪"为50%，如图8-62所示。

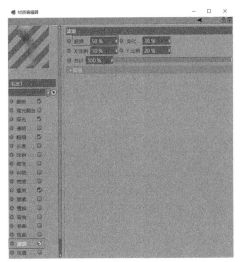

图8-62

材质还有许多可调节的地方，读者可以自行尝试，观察不同效果，多次设置就能熟练地掌握毛发材质。

案例中其他的毛发材质只需要调节颜色和卷曲程度，读者根据需要自行调整即可，颜色参考如图8-63所示。读者也可根据自己的色卡设置颜色，预览效果如图8-64所示。

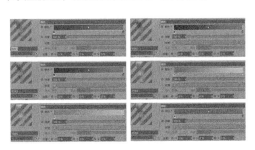

图8-63

图8-64

> **提示**
>
> 长出毛发的心形模型表面是毛发材质，毛发的间隙可能会透出里面的模型，可以选择隐藏内部的模型，也可以制作一些同色的无反射材质赋予内部的心形模型，避免画面露出破绽。

8.4 制作其他材质

完成毛发材质后，可以制作其他元素的材质。

8.4.1 制作小桃心的材质

小桃心需要光泽度很强的反射材质。

01 双击材质面板创建一个基础材质球，双击材质球打开"材质编辑器"窗口，在"颜色"通道中设置"颜色"为偏红的橙色，数值"H"为2°、"S"为61%、"V"为95%，如图8-65所示。

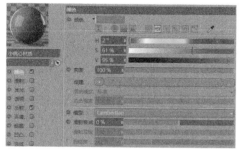

图8-65

02 进入"反射"通道，移除默认高光，单击"添加"按钮，选择"GGX"类型，设置"菲涅耳"为"绝缘体"，如图8-66所示。将这个反射材质赋予小桃心，因为没有设置灯光等环境，所以预览时看不到反光，待灯光设置完成后再观察反射效果。

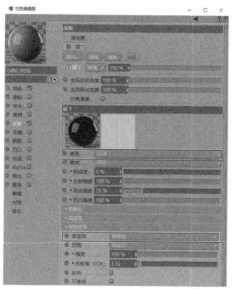

图8-66

8.4.2 制作挂绳的材质

挂绳较细不需要反射，设置固有色即可。

创建一个基础材质球，打开"材质编辑器"窗口，在"颜色"通道中设置"颜色"为深红色，数值"H"为2°、"S"为70%、"V"为72%，把这个材质赋予所有挂绳对象，如图8-67所示。

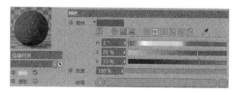

图8-67

8.4.3 制作背景和文字的材质

1.背景材质

背景不需要反射，但是需要有光感，因此可以创建中心亮、四周暗的效果，让画面光感聚集在中心。

创建一个基础材质球，打开"材质编辑器"窗口，在"颜色"通道中单击"纹理"小三角，选择"渐变"，如图8-68所示。单击"渐变"进入"着色器"选项卡，设置"类型"为"二维 - 圆形"，将渐变色改为纯度较低的暖橙色，左边颜色偏浅，右边颜色偏深，如图8-69所示。

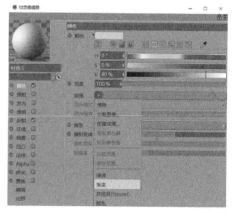

图8-68

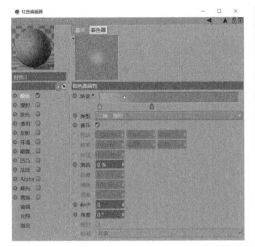

图8-69

2.文字材质

文字隐藏在心形挂饰之间，可能是灯光无法照射的区域，故而文字的材质需要自带发光，保证它们的可见性。

`01` 创建一个基础材质球，打开"材质编辑器"窗口，"颜色"通道保持默认设置，进入"发光"通道，设置"颜色"的"H"为13°、"S"为10%、"V"为100%，"亮度"为66%即可，太亮的材质会损失细节，如图8-70所示。

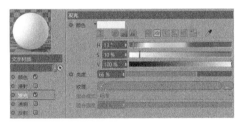

图8-70

`02` 进入"反射"通道，移除默认高光，单击"添加"按钮，选择"GGX"类型，设置"菲涅耳"为"绝缘体"，如图8-71所示。材质就兼具了发光和反射效果，如图8-72所示。

图8-71

图8-72

8.5 环境与灯光

本节搭建小型场景的灯光布景，添加 HDR 贴图、"全局光照"和"环境吸收"等环境。

8.5.1 三点布光

本案例属于室内小场景，依旧使用三点布光法，布置左侧光、右侧光和顶光，基本满足场景的光照需求，偏暗的部分适当增加补光即可。

01 长按常用工具栏的"灯光"图标，选择"PBR灯光"，该灯光会预置阴影效果等参数，不用调整太多。将灯光缩小一些放置在主体的左上方，使阴影边缘的明暗交界变得清晰明显，如图8-73所示。

图8-73

02 按住Ctrl键复制一盏灯，设置"强度"为76%，作为辅助光，区别于主光源。将其缩小放置在模型右侧稍远的位置，使光源照亮模型侧面，却不干扰主光源，位置参考如图8-74所示。

图8-74

03 继续复制一盏灯，不做修改，放在顶部靠前稍远的位置，让阴影颜色不会太黑、太抢眼。顶面的灯光会形成一圈轮廓光，区别于背景，位置参考如图8-75所示。

图8-75

04 主体灯光添加完成后添加背景照明，让灯光在背景的中心形成光圈，衬托主体。创建一个"灯光"对象，在"常规"选项卡中设置"投影"类型为"区域"，如图8-76所示。

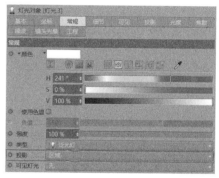

图8-76

05 切换到"细节"选项卡，设置"形状"为"球体"，使光照更均匀，设置"衰减"为"平方倒数（物理精度）"，使灯光有衰减强度，更真实好看，设置"半径衰减"为300cm，如图8-77所示，这个参数可自行调整，以实际效果为准。

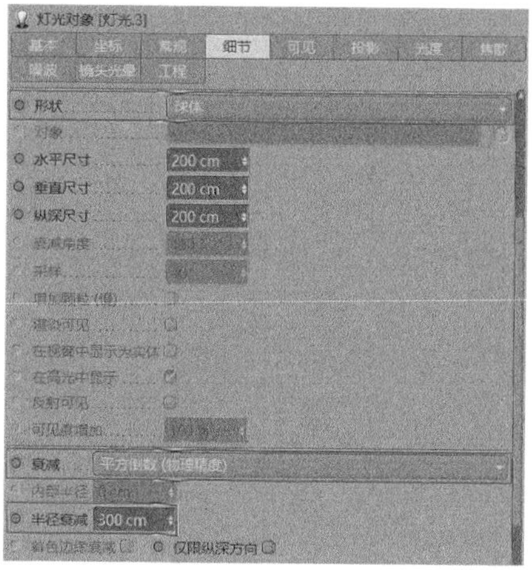

图8-77

06 把灯光放在背景和主体中间，上下居中，调整衰减范围，如图8-78所示。添加完所有灯光后，可以渲染以查看效果，如图8-79所示。

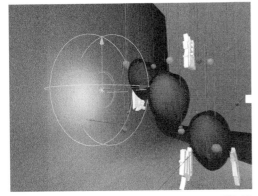

图8-78

图8-79

8.5.2 HDR贴图

添加 HDR 贴图可以使画面的反射材质有更多可反射的光源，增加材质的光泽感，步骤如下。

01 长按"地面"图标███，选择"天空"，如图8-80所示，对象面板会出现一个"天空"对象。

图8-80

02 创建一个基础材质球，打开"材质编辑器"窗口，取消勾选默认的"颜色"和"反射"通道，只勾选"发光"通道，在"发光"通道中单击"纹理"小三角，选择"加载图像"，如图8-81所示。即可加载一张HDR贴图文件，本次案例选择了室内的带有多光源的HDR图片，如图8-82所示。

图8-81

图8-82

03 将这个HDR贴图的发光材质赋予对象面板中的"天空"对象，使用"旋转"工具旋转天空，调整到合适的位置。渲染后可以看到反射材质有反射光源了，如图8-83所示。

图8-83

04 环境只需在材质反射时起作用即可，不需要在场景中显示天空背景。在对象面板中右击"天空"，在弹出的快捷菜单中执行"CINEMA 4D标签>合成"命令，如图8-84所示。在"标签"选项卡中取消勾选"摄像机可见"复选框，如图8-85所示。即可使场景中的天空背景不可见，但反射和折射不变，HDR天空的设置完成。

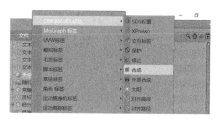

图8-84

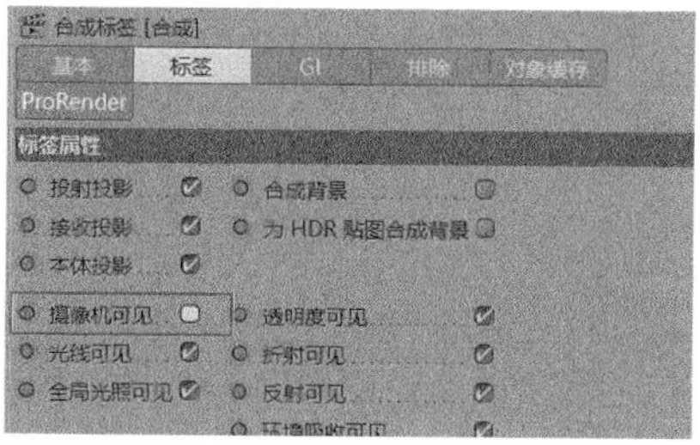

图8-85

8.5.3 "全局光照"与"环境吸收"

观察渲染的效果，画面中出现了漆黑的面，因此需要添加"全局光照"和"环境吸收"，使物体之间的阴影更真实，更符合自然的环境。

01 在"渲染设置"窗口单击"效果"按钮，选择"全局光照"，进入"全局光照"通道，设置"预设"为"室内-高品质（小型光源）"，并勾选"毛发渲染"通道，这是加入了毛发材质后自动添加的通道，如图8-86所示。

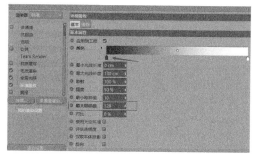

图8-86

02 继续单击"效果"按钮，选择"环境吸收"，进入"环境吸收"通道，设置"颜色"的黑色滑块为深巧克力色，数值"H"为0°、"S"为58%、"V"为40%，使阴影处不再一片漆黑，反而呈现暖红色，画面更加通透。设置"最大取样值"为128，降低阴影的噪点，画面变得更精细，如图8-87所示。

图8-87

8.6 渲染输出

完成环境与灯光等的添加后可以先预览渲染效果，不必着急调整，单击"渲染到图片查看器"图标或者使用快捷键Shift+E打开"图片查看器"窗口以观察渲染效果，如图8-88所示。

图8-88

此次使用了 Cinema 4D R20 默认的"标准"渲染器,从中心开始渲染,每个方格代表一个线程数,走完全部画面表明渲染完成。单击"图片查看器"窗口左上方的"保存"图标,在"保存"通道中修改格式为"PNG"即可保存出图。

因为本次渲染的图片添加了毛发,所以渲染时间相对较长。渲染时间与毛发数量有直接关系,如果时间充裕,可以增加毛发数量,让画面效果更精细。

8.7 后期合成

渲染出图后还是需要后期调色和排版,使作品达到更好的效果。

8.7.1 Photoshop调色

01 使用Photoshop打开图片后,在"图层"面板中右击图层,执行"转换为智能对象"命令,使后续步骤能对图片进行改变,如图8-89所示。

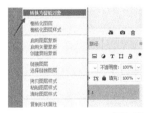

图8-89

02 执行"滤镜>Camera Raw滤镜"命令,如图8-90所示,或者使用快捷键Shift+Ctrl+A打开"Camera Raw滤镜"窗口。

图8-90

03 在窗口中设置"色温"为-3、"色调"为+28、"曝光"为+0.10、"清晰度"为+31、"白色"为+18,如图8-91所示,让画面色调偏暖且更亮,具有光感,但曝光不宜太过,需要根据画面效果逐渐调整数值。案例中的数值仅供参考,读者需要根据渲染图片的实际效果进行调整。

图8-91

04 切换到"fx效果"选项卡,设置"裁剪后晕影"的"数量"为-11,给画面增加暗角效果,如图8-92所示。画面的完成度很高,最终效果如图8-93所示。

图8-92

图8-93

8.7.2 文字合成

调色完成后可以简单加入文字或者 Logo 让画面更加完整。因为这幅作品已经做好了文字模型，所以不用加入过多字体，一行英文和一个 Logo 即可，一张完整的海报就完成了，如图 8-94 所示。

图8-94

读者还可以尝试不同配色和构图，横版、竖版和正方形都可以尝试调整，制作不同尺寸的系列图片，如图 8-95 所示。

图8-95

8.8 案例拓展

毛发的粗细、卷曲程度、风力的大小、颜色和灯光等都影响毛发的生成效果，不同的参数可以得到不同的样式。

图 8-96 至图 8-101 节选了一套毛发字母作品中的一部分，每个字母都使用了不同的毛发材质，非常有个性。从图中可以看出大致的制作思路是使用样条线画出字母的骨骼，然后扫描得到形体，接着为模型添加毛发。读者可以利用空余时间研究材质参数，制作属于自己风格的毛发材质。

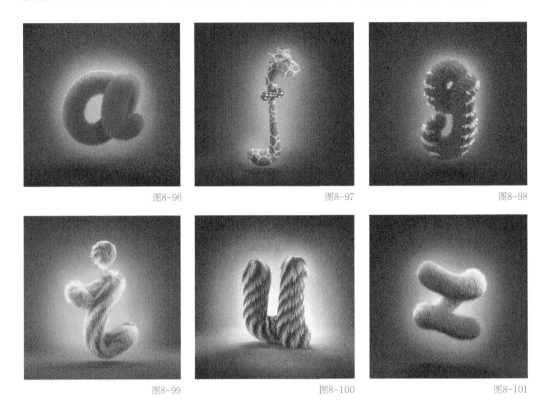

图8-96   图8-97   图8-98

图8-99   图8-100   图8-101

第 9 章

制作多彩抽象字母

本章学习要点

内置"破碎"工具的使用方法　使用"ProRender"渲染器　使用 PBR 材质和灯光　使用"矩阵"工具

Cinema 4D R20 不仅有毛发效果，还有非常实用的"破碎"工具。Cinema 4D 自 R18 后添加了内置的"破碎"工具，也叫"泰森分裂"，这个工具可以配合"运动图形"效果器制作极佳的物体破碎的动画效果。本章除了介绍"破碎"工具的基本用法外，还会在案例拓展中使用另一个用法做出镂空效果。

9.1.1 "破碎"工具的用法

"破碎"工具位于"运动图形"菜单中，绿色的图标说明它应在对象面板的父级位置，把需要破碎的对象放入"破碎"的子级中即可，如图9-1所示。创建"球体"对象并置于"破碎"的子级，即可看到"球体"对象上分布着各种颜色的随机碎块，如图9-2所示。

图9-1

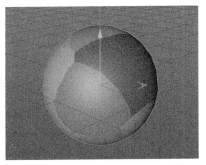

图9-2

此时还无法渲染出破碎的效果，因为碎块之间没有发生位移，所以渲染后还是一个整体。可以调节属性面板中的参数对其进行形态控制。下面介绍选项卡中常用的参数，一边操作一边观察会更直观。

"对象"选项卡

• 着色碎片：可以让每个碎片都显示出不同的颜色，但只是预览颜色，渲染颜色还需用材质球控制，勾选此复选框只为方便观察。

• 偏移碎片：代表碎片之间出现的空隙距离，设置数值为2cm，如图9-3所示，模型效果如图9-4所示，勾选"反转"复选框可让空隙填满而碎片空出。

图9-3

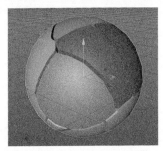

图9-4

• 仅外壳：使破碎对象只有表面破碎，还可以指定破碎表面的厚度，如图9-5所示。

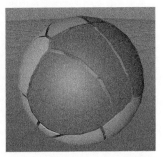

图9-5

• 优化并关闭孔洞：让每个碎块都是封闭的图形。

- 来源：控制破碎点，默认的是"点生成器-分布"，可以添加更多生成器，使碎块形态得到不同的控制；单击"点生成器-分布"，出现点生成器的参数，设置"点数量"为200，如图9-6所示，每个点对应一个碎块，可以看到视图中破碎的数量变多了，如图9-7所示。

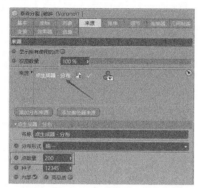

图9-6

图9-7

- 分布形式：控制破碎点的分布方式，设置"分布形式"为"指数"，如图9-8所示，即可将碎块集中控制到 x 轴、y 轴和 z 轴的某一方向上，形成某一点撞击而成的破碎效果，如图9-9所示。

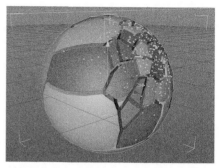

图9-9

"运动图形"菜单中的"效果器"工具基本可以用于"破碎"的"效果器"选项卡中，如图 9-10 所示。只需将"效果器"工具放入属性面板中的"效果器"下拉列表框中即可起作用，如图 9-11 所示。多数"效果器"需配合时间轴制作破碎动画，并且可以多个"效果器"叠加使用，同时支持使用"域"控制衰减，读者可以自行尝试，本章案例中会演示其中一个"效果器"。

图9-10

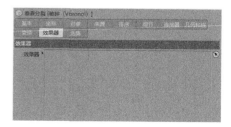

图9-8

图9-11

187

"选集"选项卡

"选集"选项卡中内置了很多实用选集，勾选后即可在对象面板中出现对应的属性标签，其中常用的是"内表面"和"外表面"，如图9-12所示。勾选之后就会出现内、外表面的选集标签，可以给破碎的内、外表面赋予不同颜色。

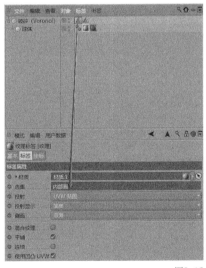

图9-12

创建两个不同颜色的材质球，都赋予破碎对象，单击黄色材质球，把"破碎"对象的"内部面"放入材质球的"选集"下拉列表框中，如图9-13所示。单击蓝色的材质球，把"外部面"的选集放入蓝色材质球的"选集"下拉列表框中，渲染时就能看到破碎球体的内外部颜色不同，如图9-14所示。

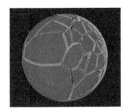

图9-13

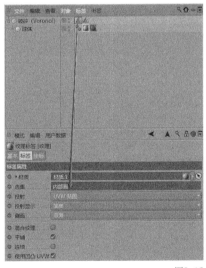

图9-14

9.1.2 构思草图和配色

本章利用"破碎"工具做一个抽象的字母C。这个字母需要丰富的细节和鲜艳的配色，可以应用到Banner或界面配图中最终效果如图9-15所示。

图9-15

字母这类形状简单的图形可以先在草图上粗略设计想要的效果，然后在软件中直接尝试，可能会收获意外的惊喜。本案例草图如图9-16所示，与最终效果图出入较大，制作图形的过程也是对最初想法进一步完善的过程。

图9-16

配色需要提前规划，破碎的内外色差拉大会使作品更醒目好看，故而选择红色、黄色和蓝色三原色配色。只要注意使用配色的面积就不会让画面看起来混乱。色卡如图9-17所示。

图9-17

模型的搭建思路是先添加大的模型，然后制作破碎效果和网格效果，最后点缀装饰小模型。

9.2.1 主体模型

观察需要建立的模型，思考使用哪种基础图形修改或拼接更方便。本次的模型比较简单直观，可以使用多层圆环嵌套，步骤如下。

01 创建"圆环"，在"对象"选项卡中设置"圆环半径"为146cm、"导管半径"为56cm、"圆环分段"为108、"导管分段"为72、"方向"为"+Z"，如图9-18所示。增加分段可使破碎后的模型更平滑，效果如图9-19所示。

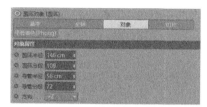

图9-18

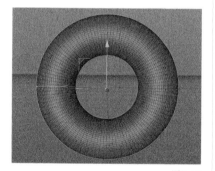

图9-19

02 切换到"切片"选项卡，勾选"切片"复选框，设置"起点"为-90°、"终点"为130°，如图9-20所示。使圆环呈现字母C的形状，如图9-21所示。

图9-20

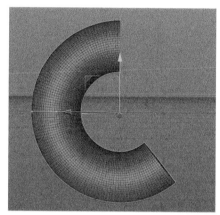

图9-21

03 在对象面板中选中"圆环"，使用快捷键Ctrl+C和Ctrl+V复制一个，在"对象"选项卡中，修改"导管半径"为45cm、"圆环分段"为88、"导管分段"为36，如图9-22所示。切换到"切片"选项卡，修改"起点"为513°、"终点"为268°，如图9-23所示。将这个圆环作为中间层，比最外层露出更多的部分，效果如图9-24所示。

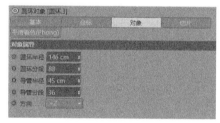

图9-22

图9-23

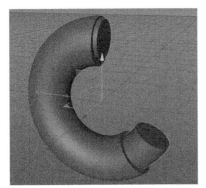

图9-24

04 在对象面板中使用快捷键Ctrl+C和Ctrl+V再次复制一个圆环，在属性面板中的"对象"选项卡中，修改"导管半径"为42cm、"圆环分段"为95、"导管分段"为36，如图9-25所示。切换到"切片"选项卡，修改"起点"为532°、"终点"为266°，如图9-26所示。将此圆环作为内层，其尺寸较小，比中间层露出更多的部分，效果如图9-27所示。

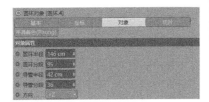

图9-25

图9-26

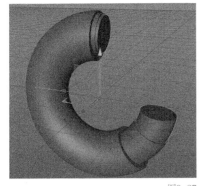

图9-27

05 继续在对象面板中使用快捷键Ctrl+C和Ctrl+V复制一个圆环，在"切片"选项卡中，取消勾选"切片"复选框，使圆环完整。在"对象"选项卡中修改"导管半径"为3cm，分段数随意，如图9-28所示。将此圆环作为最内层的灯管，尺寸最小，效果如图9-29所示。

图9-28

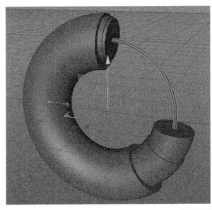

图9-29

06 在对象面板中选中灯管圆环并复制一个，在"对象"选项卡中修改"导管半径"为40cm、"圆环分段"为56、"导管分段"为16，作为网格分段可以较稀疏，如图9-30所示。此圆环需要包裹在灯管的最外面，挡住灯管。切换到"基本"选项卡，勾选"透显"复选框，如图9-31所示。"透显"功能在预览时可以看到对象内部，便于修改，效果如图9-32所示。

图9-30

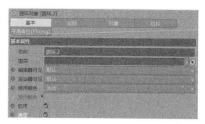

图9-31

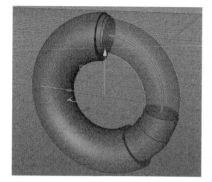

图9-32

9.2.2 外层破碎

整体模型搭建完成后，即可给外层制作破碎效果。

01 选中最外层的圆环，按住Alt键执行"运动图形>破碎"命令，如图9-33所示。在对象面板中将"圆环"放入"破碎"工具的子级，观察视图中出现的彩色碎块，表明"破碎"工具应用成功。

图9-33

02 在"来源"选项卡的"来源"下拉列表框中，使用Delete键删除默认的来源点，单击"添加着色器来源"按钮创建"点生成器"，如图9-34所示。

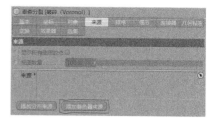

图9-34

03 单击"点生成器"出现相应的属性参数，单击"着色器"后方的小三角，创建"噪波"着色器，如图9-35所示。

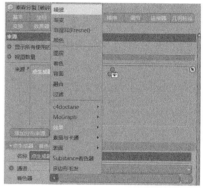

图9-35

04 单击"噪波"出现相应的属性参数，使用默认的"噪波"模式，设置"对比"为45%，如图9-36所示。使黑白信息更加明显，视图中的碎块分布均匀且大小随机，效果如图9-37所示。

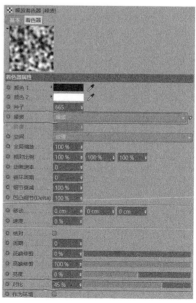

图9-36

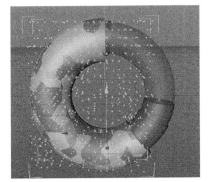

图9-37

提示

如果希望出现更多碎块，则可以利用"噪波着色器"中的"全局缩放"进行控制，也可以更换"噪波"的类型，得到不同的碎块形式。

05 在对象面板中选中"破碎"工具，执行"运动图形>效果器>推散"命令，如图9-38所示。给"破碎"工具添加"推散"效果器，在"效果器"选项卡中设置"模式"为"分散缩放"、"半径"为12cm，如图9-39所示。"推散"效果器可以让碎块分散并缩小裂开，效果如图9-40所示。

图9-38

图9-39

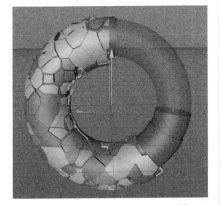

图9-40

06 在对象面板中选中"破碎"工具，在"选集"选项卡中勾选"内表面""外表面""表面断开边界"复选框，如图9-41所示。这3个是工具自动添加的选集，勾选后对象面板中的"破碎"工具后方会出现3个橙色的选集标签。"内表面"和"外表面"为添加材质做准备，"表面断开边界"给每个破碎的碎块制作倒角，使渲染效果更加精致。

图9-41

07 创建"倒角"变形器，如图9-42所示。在对象面板中把"倒角"变形器放入"破碎"工具的子级，与"圆环"并列。选中"倒角"变形器，把"破碎"工具后方的"表面断开边界"标签放入属性面板中的"选择"下拉列表框中，修改"偏移"值为0.1cm，如图9-43所示。给破碎圆环每个碎块的边界加入很小的倒角，放大视图可以看到效果如图9-44所示。

图9-42

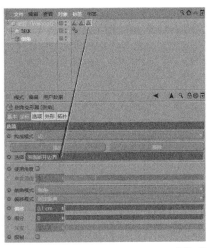

图9-43

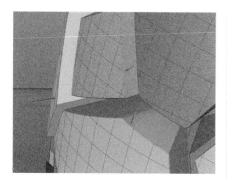

图9-44

提示

　　"倒角"变形器需要位于对象的子级或者平级中,如果无法放到子级,可以把"倒角"变形器和需要倒角的对象使用快捷键Ctrl+G合成一组,使"倒角"变形器产生作用。

9.2.3 内层网格线

　　用"晶格"造型制作最内层的网格线。

01 创建"晶格"造型,如图9-45所示。在对象面板中将最内层的"透显"圆环放入"晶格"的子级。

图9-45

02 在"对象"选项卡中设置"圆柱半径"为0.5cm、"球体半径"为1cm、"细分数"为8,如图9-46所示。可以调节圆环的分段数以控制格子的疏密程度,创建圆环时已经调整了分段数,"晶格"的状态符合需求,如图9-47所示。

图9-46

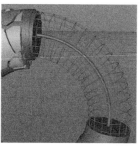

图9-47

03 模型的圆心处有空白,可以增加一些细节。使用快捷键Ctrl+C和Ctrl+V复制两个最细的圆环。修改其中一个圆环的"圆环半径"为72cm、"导管半径"为2cm;另一个圆环的"圆环半径"为82cm、"导管半径"为1cm,如图9-48所示。得到两个大小不同的圆环,完成细节处理,效果如图9-49所示。

图9-48

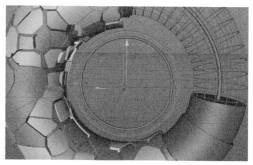

图9-49

9.2.4 摄像机构图

　　主体的字母搭建完成,需要架设摄像机确定构图并固定画面,便于后期操作。

01 设置画面尺寸。单击"编辑渲染设置"图标，在"输出"通道中可以选择"预置"的尺寸,也可以手动输入数值,本次设置为1920像素×1920像素,如图9-50所示。

图9-50

02 回到视图窗口,按住Alt键的同时按住鼠标左键拖曳调整画面角度,用鼠标滚轮调整距离,让主体位于画面中心,架设一台摄像机固定构图。单击

"摄像机"对象，单击对象面板中"摄像机"对象后方的黑色准星图标，使其变成白色，进入摄像机视角，如图9-51所示。

图9-51

03 本次场景需要强烈透视，让画面有夸张的视觉效果。单击对象面板中的"摄像机"对象，在"对象"选项卡中设置"焦距"为"25宽角度（25毫米）"，如图9-52所示。回到视图中再次调整画面，焦距与广角镜头相似，会使画面边缘轻微变形，把字母C的转弯处放在画面中心靠边的位置，广角镜头会拉伸圆环，让整体看起来更夸张，调整完成后固定构图，如图9-53所示。给摄像机添加一个"保护"标签以锁定画面，在对象面板中右击"摄像机"，在弹出的快捷菜单中执行"CINEMA 4D标签>保护"命令，完成操作。

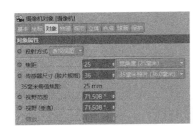

图9-52

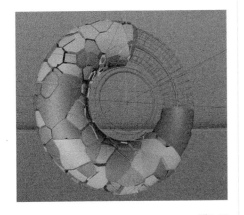

图9-53

9.2.5 装饰线条与背景

主体模型基本完成，接下来添加装饰线条和背景，让画面更生动。

1.装饰线条

为了丰富画面，在字母 C 周围使用"克隆"工具制作表示速度的装饰线条。

01 创建"胶囊"对象，在"对象"选项卡中设置"半径"为2.4cm、"高度"为38cm，不改变分段数，如图9-54所示。

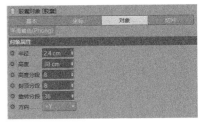

图9-54

02 选中胶囊，按住Alt键执行"运动图形>克隆"命令添加"克隆"工具，在对象面板中把"胶囊"放入"克隆"工具的子级。在"对象"选项卡中设置"模式"为"网格排列"，"数量"为4、4和2，"尺寸"为56cm、368cm和207cm，如图9-55所示。

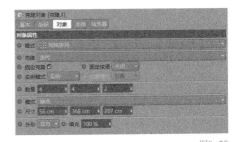

图9-55

03 执行"运动图形>效果>随机"命令，给"克隆"添加"随机"效果器，在"参数"选项卡中勾选"位置"复选框，设置"P.X"为5cm、"P.Y"为55cm、"P.Z"为-12cm，勾选"缩放"和"等比缩放"复选框，设置"缩放"为0.64，如图9-56所示。使所有线条随机散开，并有不同的大小变化，但模型之间不能穿插，装饰线条完成，效果如图9-57所示。

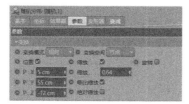

图9-56

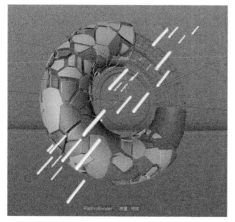

图9-57

2.背景

背景相对较简单，创建"平面"对象，设置"宽度"和"高度"都为1500cm，具体数值可自行决定，能覆盖整个画面即可，设置"方向"为"+Z"，如图9-58所示。使用"移动"工具

把平面放在图形的背面，作为背景，如图9-59所示。

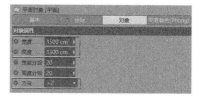

图9-58

图9-59

9.3 "ProRender"渲染器

　　在添加材质前需要设置本次使用的渲染器——"ProRender"渲染器。该渲染器最大的特点是在相同系统和相同时间内可以同时使用和平衡多个GPU与CPU的计算能力，并利用目前较先进的GPU加速性能快速且精准地渲染画面，得到理想的效果，较低配的硬件也可以使用，兼容Windows和Mac操作系统，受显卡类型限制较小。

9.3.1 "ProRender"渲染器概述

　　"ProRender"渲染器是基于路径追踪的算法，具有效果逼真、速度快、简单易用和即时交互等显著优点，对渲染的设备配置要求也不高。即时交互的好处是能实时看到修改画面后的渲染效果，但画面噪点较多。使用"ProRender"渲染器也有一些限制，即必须使用 Cinema 4D R20

的 PBR 材质和 PBR 灯光，因此部分传统灯光和材质被"ProRender"渲染器禁用了。

单击"编辑渲染设置"图标打开"渲染设置"窗口，选择"ProRender"渲染器，此时渲染器的其他通道都消失了，只留下了"输出""保存""ProRender"3个通道，如图9-60所示。单击进入"ProRender"通道，它的界面分为4个选项卡，只需记住前两个选项卡即可："离线"选项卡的参数决定最终渲染的成品品质；"预览"选项卡的参数决定预览画面的质量和速度。

为了更快地查看效果，可以把"预览"选项卡的参数都降低，能查看大概效果即可，最终的成品再使用高质量渲染。本次案例会实际应用"ProRender"渲染器。

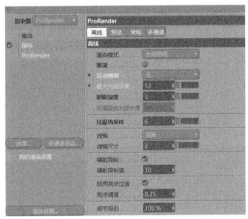

图9-60

9.3.2 "ProRender"渲染器设置

在"离线"选项卡中设置"阴影深度"为3、"抗锯齿采样"为6、"迭代次数"为300或更高，这几个数值可以降低画面的噪点，且不会花费太长时间，如图9-61所示。读者可以根据画面需要，自行设置数值，等待时间越长，渲染效果越好。

图9-61

在"预览"选项卡中设置"渲染模式"为"全局照明"、"迭代次数"为30，其他参数保持默认，如图9-62所示。此时只需查看大致效果，不必计较噪点数量，计算机能迅速渲染出图片效果，为调整留出更多空间即可。

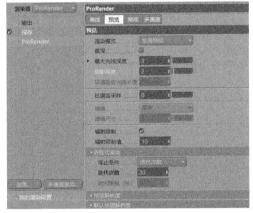

图9-62

完成渲染器设置就可以开始添加材质了，"ProRender"渲染器可以实时查看渲染效果，一边调整一边预览渲染能提高工作效率，用户体验也非常好。

调整材质前需要在视图中打开 ProRender 预览，执行"ProRender> 开始 ProRender"命令，稍做等待视图窗口中就开始实时渲染了，如图 9-63 所示。同时视图底部也会出现"开始 ProRender"快捷按钮，单击该按钮可以控制实时渲染的开始或停止，"质量：预览"说明此时渲染使用的是预览参数。

图9-63

9.4.1 破碎材质

"ProRender"渲染器需要配合 PBR 灯光和 PBR 材质才能发挥最好的效果，制作材质时需要使用 PBR 材质。首先制作破碎的外表面和内表面两个材质。

01 在材质面板中执行"创建>新PBR材质"命令，如图9-64所示。双击PBR材质球打开"材质编辑器"窗口，在"颜色"通道的"纹理"下拉列表中选择"菲涅耳（Fresnel）"着色器，如图9-65所示。

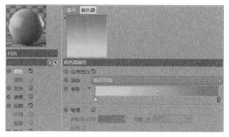

图9-66

03 进入"反射"通道，移除默认高光，单击"添加"并选择"GGX"类型，设置"粗糙度"为28%、"高光强度"为28%、"菲涅耳"为"绝缘体"，完成破碎的外表面材质，如图9-67所示。

图9-64

图9-65

02 单击"菲涅耳（Fresnel）"进入"着色器"选项卡，设置"渐变"颜色从亮蓝色到深蓝色，使材质中心靠近视角的部分变深，远处边缘变浅，如图9-66所示。

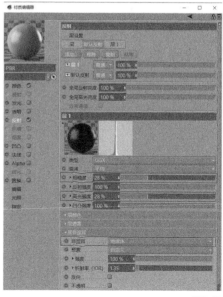

图9-67

04 需要一个颜色反差较大的内表面材质。在材质面板中按住Ctrl键复制一个材质球，双击打开"材质编辑器"窗口，在"颜色"通道中删除"菲涅耳"着色器，将"颜色"改为桃红色，数值"H"为352°、"S"为76%、"V"为99%，如图9-68所示。

图9-68

05 内表面的材质处于破裂的缝隙处，光源无法照亮，因此需要给材质添加亮度。进入"发光"通道，设置发光的"颜色"为亮红色，数值"H"为352°、"S"为71%、"V"为100%、"亮度"为69%，使材质自带发光效果，如图9-69所示。"反射"通道的设置不变，保持材质的反光效果。

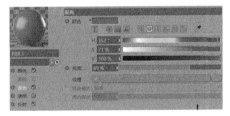

图9-69

06 完成外表面和内表面的两个材质后，把它们都放入对象面板中的"破碎"对象后方。单击红色内表面材质球，把"内部面选集"标签放入其属性面板中的"选集"下拉列表框中，如图9-70所示。给破碎的内、外表面添加了不同的材质，观察视图窗口实时显示出的渲染效果，即使没有给画面添加灯光，也能看到微微的光影效果，这就是"ProRender"渲染器自带的"全局光照"效果，如图9-71所示。

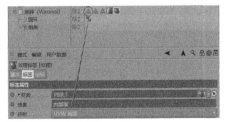

图9-70

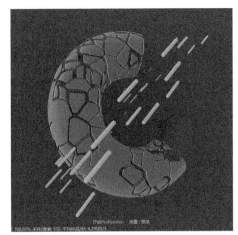

图9-71

9.4.2 其他材质

画面还需要两种材质，一种是发光材质，另一种是用于内层圆环与背景的黄色材质。

1.背景材质

复制一个红色材质球，取消勾选"发光"和"反射"通道，仅勾选"颜色"通道并修改"颜色"为无反射的黄色，数值"H"为33°、"S"为62%、"V"为90%，如图9-72所示。

图9-72

2.内层圆环材质

01 此材质需要表现出破损的肌理效果。复制一个黄色背景材质球，勾选"凹凸"通道，为"纹理"添加"噪波"着色器，如图9-73所示。单击"噪波"进入"着色器"选项卡，设置"噪波"类型为"卜亚"、"对比"为55%，在预览图中可以看到黑色背景上有白色斑点，如图9-74所示，材质球就拥有了凹凸纹理。

图9-73

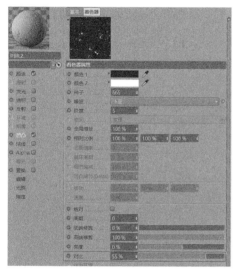

图9-74

02 把黄色材质球拖曳到背景的平面上，将黄色纹理材质球赋予内层圆环，红色材质球赋予中层圆环，在视图中查看实时渲染效果，如图9-75所示。

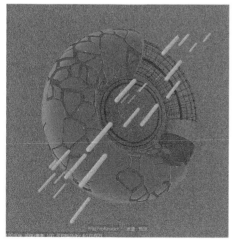

图9-75

3.发光材质

01 在材质面板中执行"创建>新PBR材质"命令，双击PBR材质球打开"材质编辑器"窗口，取消勾选"颜色"和"反射"通道，只勾选"发光"通道，参数保持默认设置，发光材质就完成了，如图9-76所示。将这个发光材质赋予中心光带、网格和最小的内部圆环，效果如图9-77所示。

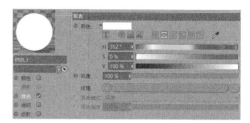

图9-76

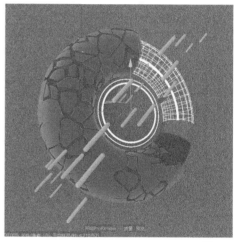

图9-77

02 装饰线条使用现有材质即可。若希望"克隆"对象呈现不同颜色，则可以在"克隆"的子级中复制几个"胶囊"对象，分别赋予不同材质。笔者复制了四个胶囊，其中三个赋予蓝色材质，另一个赋予黄色材质，如图9-78所示。达到了想要的效果，实时渲染如图9-79所示。

图9-78

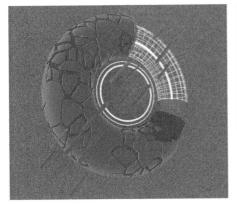

图9-79

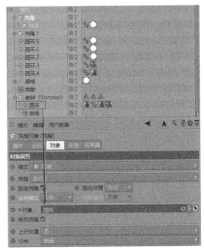

图9-81

9.4.3 装饰光点

整体模型和材质大致完成，破碎的圆环上还需要使用"克隆"工具添加装饰光点，增加画面细节。

01 创建"球体"对象，设置"半径"为2cm，如图9-80所示。

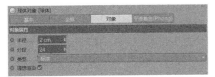

图9-80

02 执行"运动图形>克隆 ⚙"命令，在对象面板中把"球体"放入"克隆"的子级。在"对象"选项卡中设置"模式"为"对象"，把"破碎"的子级"圆环"对象放入"对象"下拉列表框中，如图9-81所示。

03 将发光材质赋予克隆球体，球体附着在破碎的圆环上，效果如图9-82所示。

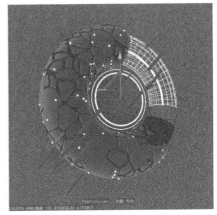

图9-82

9.5 环境与灯光

本章使用"PBR灯光"给场景布光，配合HDR"天空"材质球，完成整体场景的照明部分。

9.5.1 灯光布置

本次场景需要三盏灯，与以往不同的是位于模型中心的球形灯光需要渲染可见，这盏灯光起照明和装饰作用，步骤如下。

01 长按常用工具栏的"灯光"图标，选择"PBR 灯光"，如图9-83所示。在"细节"选项卡中设置"形状"为"球体"、"外部半径"为23.5cm，具体数值需要根据画面设置，如图9-84所示。将这个小光球放置在画面的中心位置，使它照亮圆环内部的细节，效果如图9-85所示。

图9-83

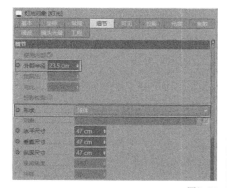

图9-84

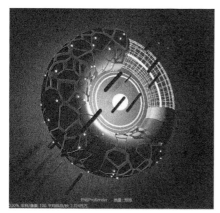

图9-85

02 继续创建"PBR灯光"对象■，在对象面板右击"灯光"，在弹出的快捷菜单中执行"CINEMA 4D标签>目标"命令，给"灯光"添加"目标"标签，在"标签"选项卡中把"破碎"子级的"圆环"对象放入"目标对象"下拉列表框中，如图9-86所示，设置灯光照射的目标为破碎圆环。

图9-86

03 使用"移动"工具把这盏灯放在整体模型的左前方，并拖曳黄点把它调整为长方形，形成一个条状的光源，如图9-87所示。

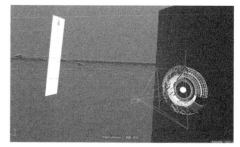

图9-87

04 复制一盏条形灯，修改"强度"为78%，作为辅助光源，如图9-88所示。将其放置在模型的右前方，位置如图9-89所示。完成三盏灯的放置，渲染效果如图9-90所示，确定光源的位置，检查是否存在没有光照的地方。

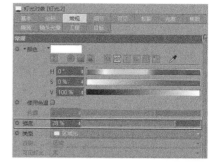

图9-88

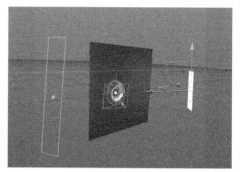

图9-89

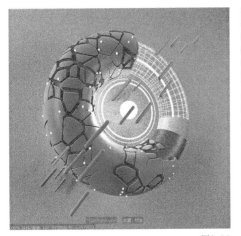

图9-90

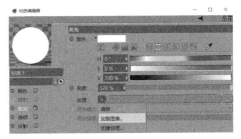

图9-91

图9-92

提示

灯光的亮度与尺寸和距离有关，调节这两个参数可以控制整体环境的照明。

9.5.2 HDR贴图

添加 HDR 贴图可以使画面的反射材质有更多可反射的光源，增加材质的光泽感，步骤如下。

01 长按常用工具栏的"地面"图标█，选择并创建"天空"对象⬤。

02 创建一个基础材质球，打开"材质编辑器"窗口，取消勾选默认的"颜色"和"反射"通道，只勾选"发光"通道。进入"发光"通道，单击"纹理"后的小三角，选择"加载图像"，如图9-91所示。加载一张带有多光源的HDR贴图文件，如图9-92所示。

03 把HDR贴图的发光材质拖曳到对象面板中的"天空"对象上，即可看到天空背景被赋予了HDR贴图。使用"旋转"工具调整光源至合适的位置，观察反射表面的光源位置，使光源增加材质的光泽度，又不会影响整体的阴影方向，如图9-93所示。

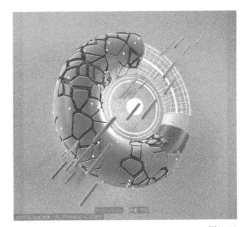

图9-93

9.6 渲染输出

完成环境与灯光等的添加后不必着急调整，可以先预览渲染效果。

单击"渲染到图片查看器"图标█或者使用快捷键 Shift+E 打开"图片查看器"窗口以观察渲

染效果，此时使用的是"ProRender"渲染器的"离线"参数进行渲染，如图9-94所示。

设置的迭代次数越多，渲染时间越长，画面噪点也越少。迭代次数全部完成后单击"图片查看器"窗口左上方的"保存"图标，在"保存"通道中设置"格式"为"PNG"，即可保存出图。本案例不会存在太多占用资源的效果，又使用了"物理"渲染器，渲染应该能很快完成。

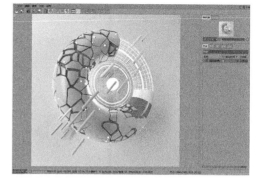

图9-94

9.7 后期合成

渲染出图后还需要后期调色和排版，使作品达到最好的效果。

9.7.1 Photoshop调色

01 使用Photoshop打开图片后，在"图层"面板中右击图层，执行"转换为智能对象"命令，如图9-95所示，使后续步骤能对图片进行改变。

图9-95

02 执行"滤镜>Camera Raw 滤镜"命令，如图9-96所示，或者使用快捷键Shift+Ctrl+A打开"Camera Raw 滤镜"窗口。

图9-96

03 在窗口中设置"色温"为+4、"色调"为+13、"清晰度"为+25，其他保持默认，让画面

色调更暖、更明亮，如图9-97所示。本案例的数值仅供参考，读者可根据渲染图片的实际效果进行调整，最终效果如图9-98所示。

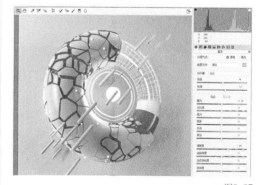

图9-97

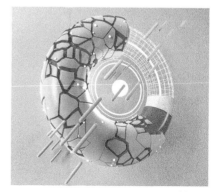

图9-98

9.7.2 文字与背景合成

调整完成后可以直接把渲染图放入相应尺寸的海报中，复制一层图片并修改图层混合模式为"柔光"，做出底纹效果，使画面层次更加丰富，并修改背景的颜色为渐变色以体现光感，如图9-99所示。然后在底纹上加入所需的文字和Logo，完成整体海报，如图9-100所示。

背景还可以进行多色延展，尽量选取画面中已有的颜色，不宜超出设定的色卡范围，否则会影响画面的和谐统一，调整后形成一套视觉稿，如图9-101所示。

图9-99

图9-101

图9-100

9.8 案例拓展

"破碎"工具很实用，除了能制作随机大小的碎石效果，还可以控制破碎的来源，不使用随机点，让碎块整齐排列，形成规整的视觉效果。接下来简单讲解一个镂空条纹小案例。

9.8.1 制作模型

01 执行"运动图形>文本"命令，选择一个稍粗的字体，做出一个立体字母B，设置"高度"为200cm、"深度"为50cm，让它整体看起来较厚重，如图9-102所示。

图9-102

02 使用"平面"和"扭曲"变形器制作一个L型的背景版，如图9-103所示。

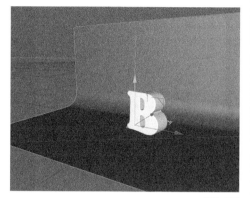

图9-103

9.8.2 灯光与材质

01 总共需要三盏灯，左右各一盏"区域光"照亮字母，另一盏"灯光"放在字母背后，照亮背后的场景，位置如图9-104所示。

图9-104

02 将默认的无反射材质赋予背景板，给字体添加一个带有"绝缘体"效果的反射材质，效果如图9-105所示。

图9-105

9.8.3 用"破碎"工具制作镂空条纹

01 执行"运动图形>矩阵"命令，如图9-106所示。设置"对象"选项卡中的"模式"为"线性"、"数量"为20、"位置.Y"为11cm，如图9-107所示，得到间距为"11cm"、y 轴排列的20块立方体。

图9-106

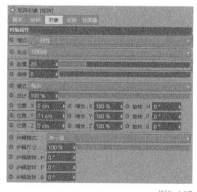

图9-107

02 执行"运动图形>破碎"命令，在对象面板中把"文本"对象放入"破碎"的子级，在"来源"选项卡中删除默认来源，把"矩阵"对象放入"来源"下拉列表框中，如图9-108所示。

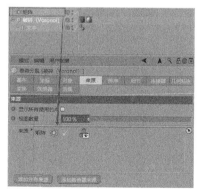

图9-108

03 切换到"对象"选项卡，设置"偏移碎片"为2.1cm，如图9-109所示。视图中字母变为了镂空的条状，使用"旋转"工具旋转"矩阵"对象，根据喜好自行设置条纹的倾斜程度，如图9-110所示。

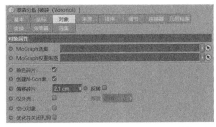

图9-109

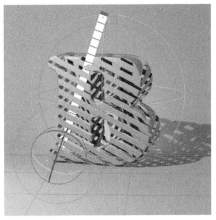

图9-110

04 单击黄色材质球，在属性面板中修改"侧面"为"正面"，即此材质只赋予模型的正面，区分两个表面的材质，如图9-111所示。

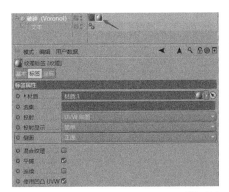

图9-111

9.8.4 成图与系列延展

渲染输出时依旧需要开启"全局光照"和"环境吸收"，然后在 Photoshop 中稍微调色并增加暗角，镂空字母就完成了，效果如图 9-112 所示。

图9-112

此案例很容易延展，只需修改"文本"文本框的文字内容，如26个字母或者其他文本及材质的颜色，注意背景和主体材质的颜色搭配。读者可以多多参考一些色卡，努力做出一套漂亮的镂空字母图，如图9-113所示。

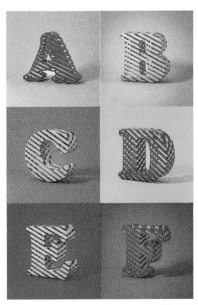

图9-113

第 10 章

制作富有科技感的线条背景

本章学习要点

使用"追踪对象"工具　　使用内置粒子发射器和力场　　使用"爆炸"变形器　　"刚体"与"碰撞体"标签

10.1 分析与思考

粒子是三维软件必不可少的元素，Cinema 4D R20 中也内置了粒子生成工具，与专业的粒子插件相比虽然功能单一，但简单易上手，只需添加发射器和影响力场即可得到效果不错的粒子动画。本章并不是制作粒子动画，而是发射粒子并定格某一帧画面，从而制作炫酷粒子飞出的场景，以此了解内置粒子发射器的创建和使用方法。

10.1.1 粒子发射器的使用方法

粒子发射器位于"模拟"菜单中，如图10-1所示。执行"模拟>粒子>发射器"命令，视图中会出现一个矩形线框，这是粒子发射器的默认形状，单击时间轴的"向前播放"图标，可以看到粒子发射器向z轴方向发射了许多粒子，如图10-2所示。但这个发射器比较局限，无法制作太复杂的粒子效果，仅限于理解粒子系统和制作简单的粒子效果画面。

理解粒子系统不难，其归结于发射源和外力两点。在 Cinema 4D R20 中发射源就是粒子发射器，可以控制粒子的数量、初始速度、方向、旋转和生命衰减周期等。外力就是力场，如风和湍流等，可以改变粒子的方向或速度，以及粒子自身是否产生碰撞，影响粒子运动轨迹。了解这些工具能产生的效果，才能更好地让粒子往预想的方向生成，从而提高工作效率。

Cinema 4D R20 的粒子发射器可调节的参数不多，如图10-3所示。

图10-1

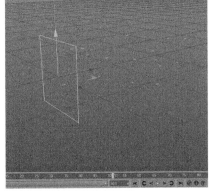

图10-2

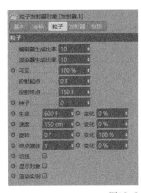

图10-3

"粒子"选项卡

- 编辑器生成比率/渲染器生成比率：决定生成的粒子数量，通常数值相同即可。当生成的粒子过多，影响了电脑的运行速度时，可以适当降低"编辑器生成比率"，提高预览速度。
- 投射起点/投射终点：指发射器发射粒子的起始帧数和停止发射的终点帧数对应时间轴的位置。
- 生命：指粒子存在的时长，"变化"对应前方属性的随机变化。

- 速度/旋转：控制粒子的运动形体，"变化"对应前方属性的随机变化。
- 终点缩放：控制粒子在达到终点时变大或者变小，数值为1表示没有变化。
- 显示对象：画面中的粒子只是预览效果，勾选此项再建立一个模型替换粒子，才能在渲染器中查看。

　　粒子"发射器"是绿色图标，说明它在对象面板中的位置是父级。创建"球体"对象，设置"球体"的"半径"为20cm，并在对象面板中将其放入"发射器"的子级，勾选"显示对象"复选框，用球体替换粒子，播放动画即可看到发射器发射球体，如图10-4所示。持续播放动画，修改每个参数，利用实际操作理解每个数值对粒子的影响。

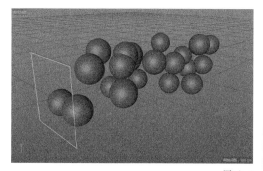

图10-4

　　发射器产生的粒子同样可以应用造型工具，例如，添加一个"融球"放在"发射器.1"的父级，如图10-5所示。设置"融球"的"编辑器细分"和"渲染器细分"为5，然后赋予"融球"一个白色材质，就能模拟火箭喷射烟雾的动画效果，如图10-6所示。

图10-5

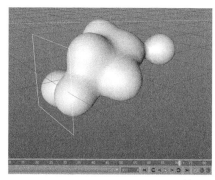

图10-6

10.1.2 案例分析

　　本章重点应用两个力场制作案例，理解它们对粒子产生的具体影响。

　　构思画面前可以试着把每个力场都加入画面中，观察粒子的变化和大致的效果，这对于思考画面效果有很大的帮助。常见的效果有雪花飘落、金片飘扬和喷射小球、光点、速度线等。

　　本案例将应用最直观的"风力"与"旋转"两个力场，做一幅富有科技感的背景图，构建从中心光团旋转飞出无数粒子光点的效果，如图10-7所示。该效果可应用于演示文档的背景、科技会议的背板和电子产品的壁纸等。这类背景图可以使用平面设计软件制作，但使用Cinema 4D R20制作粒子更简单方便，可延展性更大，摄像机变化角度即可做出多张形态不同的系列图。

图10-7

科技风格需要选择冷色光源,配色不需要太多变化,背景总体偏暗,使用同色系的深浅变化即可。书中印刷的图片可能与实际渲染的效果有偏差,读者需要根据作品的使用范围选择和调整颜色。

10.2 制作模型

本案例的模型较简单,重点掌握粒子发射器的调节与力场应用。

10.2.1 主体模型

制作发射源的模型元素。

01 创建"球体"对象,设置"半径"为4.5cm,其他参数保持不变,如图10-8所示。

图10-8

02 使用快捷键Ctrl+C和Ctrl+V复制一个球体,修改"半径"为0.6cm,将这个球体作为飞出的粒子,由于数量较多,因此半径较小,设置"分段"为3,保证计算机运行顺畅,勾选"理想渲染"复选框,虽然视图中预览效果像菱形,但实际渲染得到的还是球体,如图10-9所示。得到两个球体,较大的作为中心发光球,较小的作为飞出的粒子,如图10-10所示。

图10-9

图10-10

10.2.2 粒子

01 执行"模拟>粒子>发射器"命令,创建一个粒子"发射器",如图10-11所示。

图10-11

02 使用"缩放"工具缩小发射器的尺寸,使其与中心球体的大小相同。使用"移动"工具把发射器放置在球体的另一侧,如图10-12所示。让z轴作为粒子发射的方向正对球体,播放动画即可看到粒子沿z轴向球体发射。

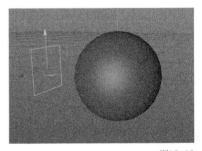

图10-12

03 选中发射器,在"粒子"选项卡中设置"编辑器生成比率"和"渲染器生成比率"为20,增加粒子数量,"投射终点"和"生命"为400F,延长粒子的运动时间和存在时间,"速度"为30cm,此参数可多次播放动画确定数值,"变化"为20%,使它们有随机的变化,勾选"显示对象"和"渲染实例"复选框，如图10-13所示。

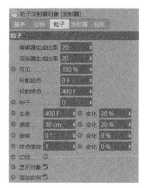

图10-13

04 勾选"显示对象"复选框后，在对象面板中把半径为0.6cm的小球放入"发射器"的子级中，播放动画即可看到小球被发射出来，如图10-14所示。

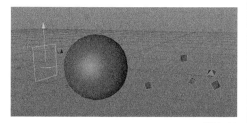

图10-14

05 执行"运动图形>追踪对象"命令，显示小球的发射轨迹，如图10-15所示。"追踪对象"工具可以追踪路径，在属性面板中的"对象"选项卡中把"发射器"放入"追踪链接"下拉列表框内，如图10-16所示。再次播放动画，即可看到小球的发射路径，如图10-17所示。

图10-15　　　　　　　　图10-16

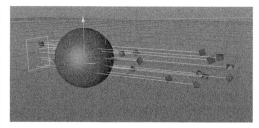

图10-17

10.2.3 力场

给粒子添加力场改变它们的直线发射轨迹。

01 执行"模拟>粒子>旋转"命令，如图10-18所示。添加"旋转"力场，默认位置为世界坐标中心点，暂不移动，单击时间轴的"向前播放"图标，观察粒子是否沿着力场的位置旋转喷射而出，如图10-19所示。

图10-18

图10-19

02 目前旋转的方向过分均匀规整，不符合案例需求。按住Ctrl键并使用"移动"工具拖曳"旋转"力场的z轴，复制一个力场并放置在距离中心球体较远的前方，偏向x轴负方向，不在正中心，如图10-20所示。力场的位置和距离影响粒子的发射方向，需要反复试验调整，使两个"旋转"力场把粒子运动的轨迹拉成椭圆形，效果如图10-21所示。

图10-20

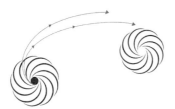

图10-21

03 在时间轴增加整体播放帧数为400F，并让时间轴的进度条完整呈现，如图10-22所示。单击播放按钮，即可看到粒子轨迹变为椭圆螺旋状，并被引向第二个"旋转"力场的方向。

图10-22

04 粒子的运动轨迹相距太远，方向也不够随机，需要添加第二种力场。执行"模拟>粒子>风力"命令，添加一个风扇并使用"移动"工具放置在第二个"旋转"力场的后方，逆着粒子运动的方向吹，如图10-23所示。播放动画，观察粒子在"风力"力场的作用下旋转飞出又往回偏转的运动轨迹，如图10-24所示。

图10-23

图10-24

05 目前看起来较凌乱，不便观察。移动视图视角，从漩涡逆向观察中心，即可看到漂亮的椭圆螺旋线，如图10-25所示。不断归零和播放动画，调整动画帧数，选择一帧满意的效果。

图10-25

10.2.4 路径模型

虽然有路径追踪，但只是预览效果，渲染预览中依然看不到路径线，因此需要使用"扫描"工具制作路径模型。

01 长按常用工具栏的"画笔"图标，选择"圆环"，在"对象"选项卡中设置圆环的"半径"为0.05cm，用这个小圆环做轨迹线条的横截面，如图10-26所示。

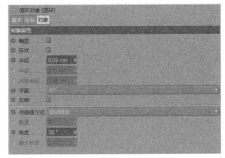

图10-26

02 长按常用工具栏的"细分曲面"图标，选择"扫描"生成器，如图10-27所示。在对象面板中把"圆环"和"追踪对象"一起放入"扫描"生成器的子级，"圆环"在"追踪对象"上方，顺序不能颠倒，如图10-28所示。路径追踪就拥有了实体模型，粗略的渲染效果如图10-29所示。

图10-27　　　　　　　　　　图10-28

图10-29

10.2.5 摄像机构图

主体完成后，需要用摄像机固定一个良好的构图视角。

01 设置画面尺寸，单击"编辑渲染设置"图标，设置"渲染器"为"标准"模式，在"输出"通道中设置"预设"为2560像素×1600像素，如图10-30所示。

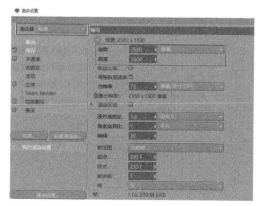

图10-30

02 回到视图窗口，按住Alt键的同时按住鼠标左键拖曳调整画面角度，用鼠标滚轮调整距离，让主体位于画面中心，架设一台摄像机固定构图。单击"摄像机"对象，单击对象面板中"摄像机"对象后方的黑色准星图标，使其变成白色，进入摄像机视角。

03 本次案例需要较夸张的透视，让画面容纳更多内容。单击对象面板中的"摄像机"对象，在"对象"选项卡中设置"焦距"为"25宽角度（25毫米）"，如图10-31所示。回到视图中再次调整画面，焦距与广角镜头相似，将更多的螺旋线容纳到画面中。调整画面让漩涡线条呈现理想的状态，但不宜铺满画面，留些空隙以便加入文字等信息，如图10-32所示。在对象面板中右击"摄像机"，然后在弹出的快捷菜单中执行"CINEMA 4D标签>保护"命令，给摄像机添加一个"保护"标签锁定画面，完成操作。

图10-31

图10-32

> **提示**
>
> 不知道如何构图时可以使用三分法，即把视线焦点放在画面三分之一的位置，这样画面会很漂亮。

10.2.6 背景和星星模型

为了丰富画面，可以在背景上添加小碎片，营造一种漫天繁星的效果。

01 创建"球体"对象，在"对象"选项卡中设置"半径"为4cm、"类型"为"二十面体"，此球体由小的三角面组成，如图10-33所示。

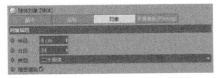

图10-33

02 长按工具栏的"扭曲"图标，选择"爆炸"变形器，如图10-34所示。在对象面板中，把"爆炸"变形器放入球体的子级。

图10-34

03 在"对象"选项卡中设置"强度"为13%，也可以根据画面自行调整，如图10-35所示。观察视图中球体爆炸式散开，碎片铺满了整个画面。给球体添加"细分曲面"生成器，让三角面变成圆片，对象层级顺序如图10-36所示。渲染后预览效果如图10-37所示。

图10-35

图10-36

图10-37

04 单击常用工具栏的"地面"图标，选择并添加"背景"对象，赋予材质后即可渲染查看，如图10-38所示。前面的案例大多使用"平面"制作背景，但本次画面较大，不宜使用"平面"，而"背景"不受尺寸的限制。

图10-38

10.3 制作材质

制作材质时只需要深色背景和发光材质。读者可以使用默认材质或节点材质，选择自己熟悉的即可。

10.3.1 发光粒子材质

科技感画面中不可或缺的是发光粒子，为粒子制作一个闪亮的发光材质。

双击材质面板中的空白处，创建默认材质球，双击材质球打开"材质编辑器"窗口，取消勾选"颜色"和"反射"通道，只勾选"发光"通道。设置"发光"通道的"颜色"为荧光蓝，数值"H"为178°、"S"为65%、"V"为100%，如图10-39所示。把这个材质赋予发射器发射出的球体和中心球体，画面已经出现光点散布的效果了，如图10-40所示。

图10-39

图10-40

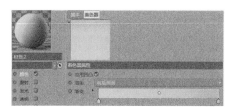

图10-42

图10-43

10.3.2 线条材质

因为线缆的长度比较长，所以它的颜色变化较丰富。

创建默认材质球，打开"材质编辑器"窗口并进入"颜色"通道，单击"纹理"后的小三角，选择"菲涅耳（Fresnel）"，如图10-41所示。单击进入"着色器"选项卡，修改"渐变"的颜色为一端较浅，另一端较深，与发光粒子同色系即可，如图10-42所示。这个材质使视线中心的颜色较深，远处的颜色较浅，把它赋予线缆的"扫描"生成器，线缆的颜色发生了变化，效果如图10-43所示。

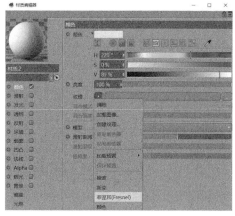

图10-41

10.3.3 背景与星星材质

1.背景材质

为了衬托发光效果，需要较深的背景颜色，但不能单调，因此设置中心亮、四周暗的材质，加强背景的深度和画面质感。

01 创建默认材质球，打开"材质编辑器"窗口并进入"颜色"通道，单击"纹理"小三角，选择"渐变"，如图10-44所示。

图10-44

02 单击进入"着色器"选项卡，设置"类型"为"二维-圆形"，调整"渐变"为中心是暗绿色、四周是接近黑色的墨绿色，不能过分偏离蓝绿色系，避免颜色散乱，如图10-45所示。把这个材质赋予"背景"，渲染效果如图10-46所示。

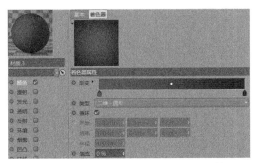

图10-45

图10-46

2.星星发光材质

创建默认材质球并打开"材质编辑器"窗口，取消勾选"颜色"和"反射"通道，只勾选"发光"通道，把这个材质赋予爆炸的球体即可，如图 10-47 所示。

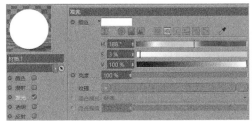

图10-47

10.4 渲染输出

所有元素都自带光源，不用设置灯光和环境，单击"渲染到图片查看器"图标█或者使用快捷键 Shift+E 打开"图片查看器"窗口，如图 10-48 所示。案例只使用了标准渲染器与标准默认材质，没有透明或反射等计算量较大的材质，因此渲染速度非常快。

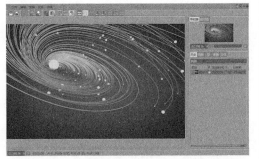

图10-48

10.5 后期合成

渲染出图后一定要进行后期调色和排版，力求作品达到最好的效果。

10.5.1 Photoshop调色

01 使用Photoshop打开图片后，在"图层"面板中右击图层，执行"转换为智能对象"命令，使后续步骤能对图片进行改变，如图10-49所示。

02 执行"滤镜>Camera Raw滤镜"命令，如图10-50所示，或者使用快捷键Shift+Ctrl+A打开"Camera Raw滤镜"窗口。

图10-49   图10-50

03 在窗口中设置"色温"为-9、"色调"为-32、"清晰度"为+24、"白色"为+19、"黑色"为-25，让画面的色调和光感更明显，如图10-51所示。案例使用的数值仅供参考，读者一定要根据渲染图片的实际效果调整。

图10-51

04 为了增加暗色背景的氛围，在"fx效果"选项卡中设置"裁剪后晕影"的"数量"为-23，给画面增加暗角效果，如图10-52所示。

图10-52

10.5.2 辉光与文字添加

调整完成后给画面加入辉光效果，Cinema 4D R20 默认的辉光材质效果不理想，需要后期添加，方法如下。

01 执行"选择>色彩范围"命令，如图10-53所示。使用"吸管"工具单击画面中最亮的部分，即中心球体，然后单击"确定"按钮，画面的亮部被选中，呈黑白状态，如图10-54所示。

图10-53   图10-54

02 使用快捷键Ctrl+J复制一层亮部，复制出的图层应该是透明背景的状态，为了能看清效果，笔者在底层加入了深色背景，如图10-55所示。

图10-55

03 修改亮点图层的混合模式为"叠加"模式，即可出现光晕效果。然后在空白处加入文字和Logo，完成效果如图10-56所示。读者可以变换摄像机角度寻找多个画面视角，还可以变换颜色，得到系列图。

图10-56

10.6 案例拓展

　　Cinema 4D R20 的粒子发射器除了能用线条追踪粒子路径外，还可以做出更多效果。此处再提供一种思路，用粒子发射器实现粒子元素堆积的画面，如图 10-57 所示。将礼盒、彩条、铃铛和玻璃球等堆积成一棵小树，虽然用"克隆"工具和"随机"效果器能够实现，但步骤复杂，使用粒子系统就会让操作简便许多。此处只罗列相关步骤，具体尺寸参数可自行调整，步骤如下。

图10-57

10.6.1 创建模型和粒子发射器

01 创建一个"圆锥"和两个"圆柱"对象，如图10-58所示。改变模型对象的"半径"和"高度"，把它们组装成一棵树的模样，如图10-59所示。

图10-58

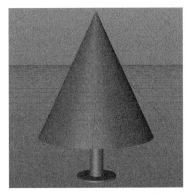

图10-59

02 制作堆积元素。创建两个"立方体"、三个"球体"和三个"圆柱"，改变它们的尺寸，模拟不同的元素种类。例如，立方体当作礼盒，球体当作铃铛等，如图10-60所示。读者可以根据喜好增加"胶囊""宝石"或者自己创建的模型，此处只示范几种简单的组合，赋予不同材质时元素较多的画面会更丰富。

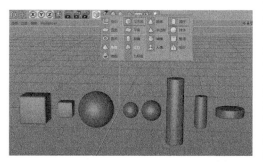

图10-60

03 执行"模拟>粒子>发射器"命令，如图10-61所示。在"粒子"选项卡中设置"编辑器生成比率"和"渲染器生成比率"为30，增加粒子数量，设置"投射终点"为500F，延长粒子喷射时间，勾选"显示对象"复选框，如图10-62所示。在对象面板中把小元素放入"发射器"的子级，让它们代替粒子。

图10-61

图10-62

04 使用"移动"和"旋转"工具，把"发射器"放置在圆锥的内部，喷射方向向上，如图10-63所示。发射器的尺寸要小于圆锥的直径才能包含在内。为了看清内部，在对象面板选中"圆锥"，勾选"基本"选项卡的"透显"复选框。

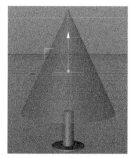

图10-63

10.6.2 加入模拟标签

01 此时播放动画粒子会被喷出圆锥，因此需要给所有粒子加入"刚体"标签，让所有元素紧挨在一起，但模型间不会穿插。在对象面板中右击第一个"立方体"对象，在弹出的快捷菜单中执行"模拟标签>刚体"命令，如图10-64所示。以此类推，给"发射器"子级的所有元素都加上此标签。

图10-64

02 在对象面板中右击"圆锥"，在弹出的快捷菜单中执行"模拟标签>碰撞体"命令，给圆锥添加"碰撞体"标签，如图10-65所示。然后在属性面板中的"碰撞"选项卡中设置"外形"为"静态网格"，使"刚体"元素被"静态网格"阻拦，如图10-66所示。

图10-65

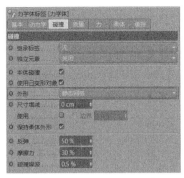

图10-66

10.6.3 动画与背景装饰

01 把时间轴的总帧数设置为"500F",进度条完整呈现,单击"向前播放"图标,看到粒子发射器发射了设定的元素对象,并且下落在圆锥的内部空间中,如图10-67所示。反复播放动画查看效果,选择最满意的一帧,即元素填满整个空间且散落的角度符合需求,隐藏"圆锥"对象就能看到按照圆锥形式堆叠在一起的元素树,如图10-68所示。动画播放的时间不宜过长,当圆锥内部被填满后继续发射粒子,元素依旧会被挤出"圆锥"对象,关键是掌握时间、抓住关键的一帧。

图10-67

图10-68

02 用"平面"和"扭曲"变形器做出L型背景板,用"二十面体"球体配合"爆炸"变形器做出散碎在四周的碎片,为画面添加活跃气氛的小元素,如图10-69所示。

图10-69

10.6.4 灯光与环境

01 使用"ProRender"渲染器时,需要配合PBR灯光与PBR材质,本案例共使用了三盏灯,左右各一盏PBR灯光,球形灯光置于主体后方,照亮背景,如图10-70所示。

图10-70

02 完成材质和灯光的添加后,添加一个适合的HDR天空球,确保金属色的铃铛有可反射的环境,此处使用的是明暗变化较明显的图片,如图10-71所示。

图10-71

10.6.5 添加材质

材质可以丰富画面,读者根据设计与需求自行增减即可。

1.背景和小圆柱体的无反光漫射材质

在材质面板中执行"创建>新PBR材质"命令，打开"材质编辑器"窗口，在"反射"通道中移除"默认反射"，留下"默认漫射"，设置"层颜色"为饱和度较低的深紫色，如图10-72所示。

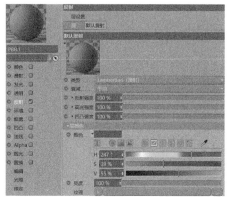

图10-72

2.铃铛、亮片和底座的金属材质

创建新PBR材质球，在"反射"通道中移除"默认反射"和"默认漫射"，单击"添加"并选择"GGX"类型，设置"粗糙度"为14%、"菲涅耳"类型为"导体"、"预置"为"铜"，得到一个轻微发红的暖色金属，如图10-73所示。若想要其他颜色，可更改"预置"为"银"或"铝"，得到一个闪亮的冷光金属色。

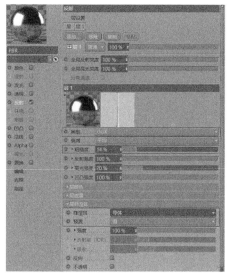

图10-73

3.有色玻璃材质

粒子元素中需要一个有色玻璃材质，创建新PBR材质球，取消勾选"反射"通道，勾选"透明"通道，设置"颜色"为饱和度较低的浅紫色、"折射率预设"为"蓝宝石"，如图10-74所示。

图10-74

4.小礼盒的红色带反射材质

创建新PBR材质球，在"反射"通道中移除"默认反射"，设置"默认漫射"的"颜色"为红色，如图10-75所示。添加"GGX"类型，设置"菲涅耳"类型为"绝缘体"，如图10-76所示。

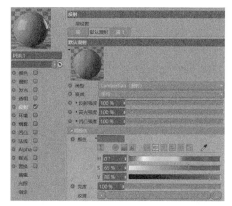

图10-75

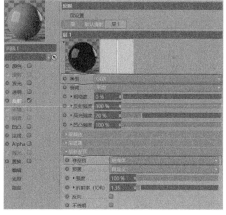

图10-76

5.彩条圆柱的花纹材质

创建"新 PBR 材质"，在"反射"通道中移除"默认反射"，留下"默认漫射"，修改"颜色"为饱和度较低的粉色，如图 10-77 所示。勾选代表透明度的"图像 Alpha"通道，单击"纹理"后的小三角，选择"表面"的"棋盘"子选项，如图 10-78 所示。单击进入"着色器"选项卡，设置"U 频率"为 0、"V 频率"为 20，得到条状的粉色纹理材质，如图 10-79 所示。

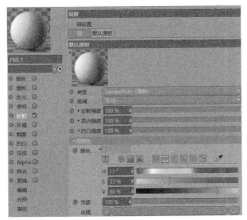

图10-77

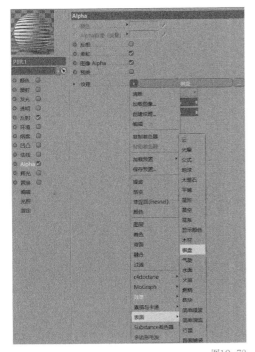

图10-78

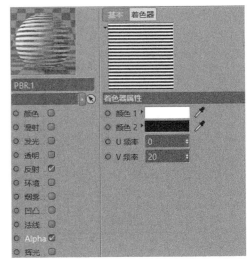

图10-79

6.波点礼盒的点花纹材质

复制一个条纹材质，在"Alpha"通道单击"纹理"后的小三角，选择"素描与卡通"的"点状"子选项，其他参数保持不变，得到一个底色透明的点状纹理，如图 10-80 所示。

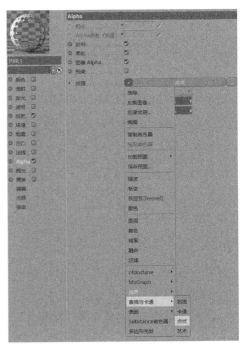

图10-80

将以上材质分别赋予画面中的对象，在赋予"发射器"子级中的对象条纹材质和波点材质前，需要先添加底色材质，然后添加底色透明的花纹材质，顺序不能颠倒，如图10-81所示。

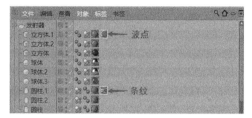

图10-81

10.6.6 渲染与后期

01 设置渲染的尺寸和渲染器之后即可渲染出图，效果如图10-82所示。

图10-82

02 用Photoshop的"Camera Raw 滤镜"命令进行后期修正，调整颜色和光感，增加清晰度和对比度，如图10-83所示。切换到"fx效果"选项卡，增加暗角效果，让画面的中心更亮，如图10-84所示。读者可以加入喜欢的文案或者Logo，最终效果如图10-85所示。

图10-83

图10-84

图10-85

读者可以将作为容器的圆锥换成圆环或胶囊，将会得到不同的聚集形态，还可以改变材质的配色，做出不同氛围的画面，如图10-86所示。

图10-86